KB052266

피곤한 10대,
제대로 자고 있는 걸까?

누가 먼저 잠드나
-2000년대 버전-
게임 시작!

양치질도 했고, 6시 반에 알람도 맞춰 놨으니 이제 바로 잠들기만 하면 될 것 같지……만, 그게 그렇게 간단한 일이 아니야. 게임 말과 주사위를 꺼내, 누가 먼저 잠드는지 시합해 보자고!

8. 이웃집에서 파티를 하나 봐! 아주 재미있나 본데? 안 돼! 귀마개를 찾아와야겠어.
4칸 뒤로 돌아가시오.

9. 부엌에서 어른들이 소곤거리는 소리가 들려. 내 생일 선물에 대해 의논하는 것 같은데? 몰래 엿들어야지!
3칸 뒤로 돌아가시오.

7. 드디어 누웠어! 그런데 누가 침대에 과자 흘렸어? 이불 좀 털자!
한 차례 쉬시오.

1. 10회 숨을 크게 쉬세요.
2. 해변에 누워 있다고 생각해 보세요.
3. 양을 세어 보세요
4. 거꾸로 세어 보세요.

1. 핸드폰을 한 번만 더 들여다볼까? 그 사이에 또 재미있는 소식이 올라왔을지 모르잖아!
한 차례 쉬시오.

확인해! 확인해! 확인해!

2. 철 지난 잡지에서 긴장을 푸는 연습에 대한 칼럼을 발견했어.
지름길로 가시오.

10. 헬리콥터가 집 위로 날아가. 살인범이라도 쫓고 있는 걸까? 별의별 생각이 머릿속을 맴돌아. 머리를 비워야 해!
우회로로 진입하시오.

잠들기 성공!

축하해!
마침내 잠이
들었어!

꼴찌로 잠들었다고? 그래도 실망하지 마. 이 책 끝에 있는 다른 게임에서 만회하면 되니까!

10

여기
좀 봐 봐!
여기!

11. 천둥이 쳐! 마음을 진정시켜야겠어. 곰 인형을 가져와야지.
3칸 뒤로 돌아가시오.

11

5. 마지막으로 유튜브 영상 하나만 보자! 그런다고 뭐 큰일이 나는 것도 아니잖아? 물론이지!
3칸 뒤로 돌아가시오.

6

5

6. 띠링! 띠링! 문자 왔어! 안 읽고는 못 배기겠어.
한 차례 쉬시오.

4. 삼촌이 전화해서 자기가 아끼는 화초가 얼마나 자랐는지 이야기를 늘어놓기 시작했어. 잠이 쏟아져!
주사위를 한 번 더 던지시오.

4

3

3. 침대 옆 탁자에 반쯤 먹고 남긴 에너지 드링크가 놓여 있잖아! 꿀꺽! 다시 양치질하고 와야겠네.
처음으로 돌아가시오.

내가 이 책을 시작할 수 있도록 도와준
헬비 학교 2015년 겨울 학기 5G, 5H, 5I반 학생들, 고맙습니다.
이들의 교사인 루신다에게도 감사를 전합니다.

-카타리나

밤에 눈이 더 말똥말똥해지는 10대를 위한 수면의 모든 것

피곤한 10대,
제대로
자고 있는 걸까?

카타리나 쿠이크 글 | 엘린 린델 그림
황덕령 옮김 | 신홍범 감수

오유아이 <u>Oui</u>

차례

사람은 잠을 자야 한다…

　잠자기는 가장 편안하고 기분 좋은 일 중 하나이다. 우리 인간은 일생의 3분의 1을 잠을 자며 보낸다.

　90년을 산 사람의 경우. 그중 30년 동안은 잠을 자며 보낸 것이다! 그렇다고 이 사람이 시간을 낭비했다고 할 수는 없다. 오히려 그 반대이다. 잠은 꼭 필요한 활동이기 때문이다.

　과학자들이 쥐를 잠들지 못하게 하여 하루 종일 깨어 있게 하는 실험을 한 적이 있다(아주 고약한 짓이다). 쥐들은 시름시름 앓다가 2주도 못 가서 죽고 말았다.

　사람을 대상으로 이런 실험을 하지 않는 건 천만다행이다. 이런 실험을 통해 사람의 신체도 쥐와 비슷한 반응을 보일 거라고 예상하는 것이다.

　잠은 여러 면에서 절대적으로 중요하다. 일부 과학자들은 사람이 먹지 못할 때보다 잠을 자지 못할 때 더 빨리 죽을 수 있다고 생각한다.

… 잠을 자지 않으면 죽는다!

우리는 왜 잠을 자는 걸까?

잠을 자는 동안 우리 몸에서 일어나는 모든 일을 정확하게 아는 사람은 아직 없다. 잠에 대해 연구하는 전 세계 과학자들은 다양한 연구를 해 왔으며, 이를 통해 많은 사실을 발견하고 있다.

잠을 자는 동안 일어나는 일에 대해 그들이 밝혀낸 중요한 사실 몇 가지를 소개하면 다음과 같다.

★ 호흡이 느려진다.

★ 체온, 맥박, 혈압이 떨어진다.

★ 소화 기관과 콩팥의 활동이 줄어든다.

★ 근육이 이완되고 회복된다.

★ 스트레스 호르몬이 대량 줄어든다.

★ 상처가 치료되고 면역계가 튼튼해져서 쉽게 아프지 않게 된다.

★ 장 속에 좋은 박테리아는 많아지고 나쁜 박테리아는 줄어든다.

★ 뇌에서는 청소가 시작된다. 불필요한 정보는 지워지고 중요한 기억은 깊이 새겨진다.

★ 뇌에서는 세탁도 시작된다. 위험한 성분은 깨끗이 씻겨 나간다.

★ 꿈속에서는 감정적인 경험이 재구성된다.

한마디로, 우리는 자는 동안 활력을 얻어 다시 깨어난다!

우리가 잠을 잘 때, 몸 전체가 휴식에 들어가는 것은 아니다.
질병으로부터 우리를 지켜 주는 면역계는 자는 동안 더 활발하게 움직인다. 그래서 몸이 아플 때 특히 잠을 많이 자는 것이 좋다고 하는 것이다.

  잠을 자는 동안 몸에서는 성장 호르몬도 나온다. 어린이와 청소
년이 성인보다 잠을 더 많이 자야 하는 이유가 여기에 있다. 올바
른 성장을 위해서 말이다.

깨어 있는 동안, 뇌에서는 많은 일이 끊임없이 일어난다. 우리가 만지고, 듣고, 보는 것에 뇌는 인지하고 반응해야 한다. 이때, 뇌의 여러 부위가 활발하게 연결되어 협동 작업을 하게 된다.

생각이 속삭인다: 골을 넣어!

기억이 속삭인다: 지난번에는 놓쳤잖아.

귀는 다른 선수가 외치는 소리를 듣는다.

눈이 공을 본다.

코는 잔디밭의 냄새를 맡는다.

신체 각 부위가 서로 협동하여 움직인다.

팔은 균형을 잡는다.

근육이 긴장한다.

발이 움직인다.

피부는 발에 물집이 잡혀 쓰라림을 느낀다.

　뇌가 아주 많은 전선들로 이루어져 있다고 생각해 보자(물론 실제로 그렇지는 않다). 우리가 깨어 있을 때, 그 많은 전선들은 여러 방향으로 뻗어 나가고 서로 연결되기도 한다. 그런데 시간이 지나면 이것이 한 덩어리로 얽히고설키게 된다. 그러면 이 엉킨 전선을 다시 풀어야 하는데, 이것이 우리가 자는 동안 뇌가 하는 일이다.

　더 이상 필요 없게 되거나 오랫동안 사용하지 않은 전선은 점점 약해지거나 아예 사라지게 된다. 반면 중요한 전선은 더 튼튼해진다.

　하루 동안 스키를 타거나 새로운 컴퓨터 게임을 하는 등 아주 열심히 집중한 일이 있다면, 잠을 자려고 누웠을 때 눈앞에 스키장의 풍경이나 게임 화면이 펼쳐지는 것 같은 경험을 하기도 한다. 이는 그렇게 오랫동안 집중하고 있던 것을 뇌가 아주 중요한 것으로 인식했기 때문이다. 그리고 뇌는 이런 중요한 것들을 기억하려고 한다.

따라서 우리는 잠을 잠으로써 하루 동안 배운 것들에 대한 기억을 더 깊이 새기는 것이다.

잠에 관한 실험 중에는 여러 지식 정보를 외워서 시험을 보게 하는 실험이 많았다. 이때 하룻밤을 자고 나서 다음 날 시험을 본 경우가 같은 날 바로 시험을 본 경우보다 20~40% 더 나은 점수를 얻었다.

자는 동안 하는 행동

잠을 자는 동안에도 우리는 여러 가지 행동을 한다.

자다가 이불에 오줌을 싸는 야뇨증은, 너무 깊게 잠든 나머지 방광이 꽉 차서 비워야 하는 것도 느끼지 못할 때 일어난다. 이 때문에 잠에서 깨어 화장실에 가지 못하고 이불을 적시게 되는 것이다.

가끔 성인도 이불을 적시는 경우가 있지만 야뇨증은 주로 아이들에게 일어난다. 어린아이들은 종종 이불이나 기저귀에 오줌을 싼다. 6세에서 7세가 되면 잠을 덜 깊게 자기 시작하고, 오줌이 마려울 때 깨는 것이 점점 더 쉬워진다. 게다가 방광이 커지면서 보관할 수 있는 소변의 양도 많아진다.

코골이는 어린아이들에게는 흔하지 않은 일이다. 반면 성인들의 절반 이상은 가끔 코를 곤다.

잘 때는 근육이 이완되는데, 목 근육도 이완되면서 기도가 좁아진다. 이때 공기가 평소와 다르게 좁아진 기도를 따라 들어가면서 크고 작은 소리가 발생하는 것이다. 그것이 바로 코골이다.

뚱뚱한 사람들은 그렇지 않은 사람보다 더 자주 코를 고는데, 이것은 그들의 인두가 더 좁기 때문이다. 누운 자세에 따라 달라질 수도 있다. 엎드리거나 옆으로 누우면 등을 대고 바로 누웠을 때보다 코를 덜 곤다.

성인도 아이도 가끔 악몽을 꾼다. 그러나 야경증은 어린이에게만 있다. 방금 잠든 아이가 아주 깊이 자다가 갑자기 침대에서 일어나 소리를 지를 때가 있다. 그럴 때 아이는 자신만의 공포에 사로잡혀 있어서 달래 보려고 해도 쉽지 않다. 두 눈은 부릅뜨고 있지만 보는 것 같지 않다. 달래기 위해 아이를 안으려 해도 뿌리친다. 야경증은 사춘기가 오기 전 어느 시점에 자연스럽게 사라진다. 성인에게서 나타나는 일은 극히 드물다.

야경증은 꿈을 꾸어서 오는 것이 아니라 오히려 몽유병 증상에 가까운 형태이다. 다음 날이면 전혀 기억하지 못한다.

잠꼬대는 자는 동안 언제든지 할 수 있다. 꿈을 꾸는 동안에도, 꾸고 있지 않을 때도 말이다.

어떤 사람은 한두 마디 단어만 말하고, 또 어떤 사람은 문장 전체를 말하기도 한다. 잠꼬대를 한 사람들은 하나같이 무슨 말을 했고, 왜 했는지 알지 못한다.

★ 글쓴이의 엄마가 실제로 했던 잠꼬대

몽유병은 어른보다 아이에게서 더 자주 볼 수 있지만, 성인도 몽유병 증세를 보이는 경우가 종종 있다.

"한번은 너무 추워서 잠에서 깬 적이 있어요. 이불을 바닥에 떨어뜨렸다고 생각했죠. 그런데 이불이 없었어요. 침대 위에 있을 줄 알았던 다른 이불도 없었지요. 정말 이상했어요. 일어나 보니, 그 두 이불 모두 문 옆 바닥에 가지런히 개어져 있었어요. 그 위에는 이불을 쌌던 이불보 두 장도 개어져 있었고요. 가끔 베란다 문이 열려 있을 때도 있어요. 또 한번은 잠에서 깼는데, 글쎄 침대 옆에 두는 협탁이 침대 위에 올라와 있더라고요."- 페닐라(46세, 교사)

우리는 우리가 꾼 꿈을 기억하곤 하지만 몽유병 증상을 보인 사람은 나중에 이를 기억하지 못한다. 꿈을 꾸는 동안에는 몽유병 증상이 나타나지 않는다. 몽유병은 가장 깊은 수면 상태에서 일어난다. 몽유병 증상을 보이는 사람을 깨우는 것이 위험하다는 얘기도 있지만 사실이 아니다. 다만 깊은 수면 상태에서 완전히 깨어나는데 시간이 걸릴 뿐이다. 증상 중에 방해를 받으면 화를 내는 경우도 있다. 몽유병이 있는 사람이 침대를 떠나거나 방에서 나서면 알람이 울리는 장치를 설치해서 위험한 사고를 방지하는 것도 좋은 방법이다. 물론 증상이 너무 자주 나타나면 치료를 받는 게 좋다.

과학자들은 몽유병이 '국소적 수면^{local sleep}'이라는 것과 연관이 있다고 본다. 우리가 잘 때 뇌 전체가 동시에 잠드는 것은 아니다. 조금씩, 부위별로 진행된다. 뇌 안의 엄청난 양의 세포가 잠이 들지만 또 다른 세포는 아직 깨어 있을 수 있다. 예를 들어 피곤할 때 운전하는 것은 아주 위험하다. 뇌에서 눈과 손에 관여하는 부분은 깨어 있어도 다른 부분은 잠들어 있을 수 있기 때문이다. 눈으로 들어오는 정보가 뇌의 잠자고 있는 부분에 머물게 되면, 커다란 소 한 마리가 길 한가운데 서 있어도 손이 핸들을 틀지 않아 피하지 못할 수 있다. 깨어날 때도 이러한 현상이 일어난다. 예를 들어 알람 소리에 시계를 끄고 침대에서 걸어 나가 누군가의 질문에 대답

도 하고는, 10분 후에는 이를 기억도 못 하는 것이다. 바로 뇌 전체가 깨어 있지 않기 때문에 일어나는 현상이다.

몽유병은 우리가 가장 깊이 잠들었을 때 일어난다. 이는 뇌의 깨어 있는 부분과 잠들어 있는 부분 사이에 연결 오류가 생기는 것으로, 어떤 이유에서인지 뇌의 일부분이 깨어나면서 발생한다.

성인에 비해 아이들이 더 자주 몽유병을 경험하는 것은, 아이들의 뇌가 아직 전체적으로 충분히 발달하지 않아서 더 자주 오류가 나타나기 때문이다. 그리고 아이들이 성인보다 더 깊은 잠을 자기 때문이기도 하다.

몽유병 환자가 창문을 통해 밖으로 나간다거나, 냉장고에 가서 음식을 꺼내 먹는다거나, 이불을 가지런히 갠다거나 하는 복잡한 일들을 할 수 있는 이유는 무엇일까? 국소적 수면을 설명하고 있는 이론에 따르면, 수면 상태와 각성 상태가 동시에 일어나고 뇌의 각 부분이 다른 부분에서 하고 있는 일을 의식하지 못하기 때문이라고 한다.

몽유병 증세는 여자아이와 성인 여자보다 남자아이와 성인 남자에게 더 자주 나타난다(불공평하다). 왜 그런 차이가 있는지는 밝혀지지 않았다.

성장기의 아이들 3명 중 1명은 한 번쯤 몽유병 증상을 보일 수 있다.

성인 가운데 가끔씩 몽유병 증상을 보이는 경우는 1~2% 정도이다.

수면 중에 사람을 죽이다!

이런 상황을 상상해 보자. 소파에 누워 잠든 걸로 기억하는데, 잠에서 깨어 보니 자동차에 타고 있고 심지어 운전을 하고 있는 게 아닌가? 뿐만 아니라 자동차 핸들과 양손에는 피가 흥건하다. 가까운 경찰서로 운전해 가서 차에서 내려 이렇게 말한다.

"내가 사람 두 명을 죽인 것 같아요. 내 손에 피가…….."

이것은 캐나다인 케네스 파크스에게 실제로 일어났던 사건이다.

1987년 5월 24일 새벽 3시경, 그는 소파에서 자다가 일어나 맨발로 밖으로 나가 차 운전석에 앉았다. 그러고는 차를 몰고 20여 킬로미터를 운전하여 자신의 장인 장모가 사는 집으로 갔다. 도착하자 그는 장모를 죽였고, 장인도 죽이려 했다.

그 뒤 차로 돌아가 다시 운전을 시작했으며 그때 잠에서 깨어났다. 경찰서에 간 그는 손에 묻은 피 중 일부는 자신의 것이라는 것을 알게 된다. 모든 손가락이 칼에 베여 상처가 나 있었다. 하지만 이를 알기 전까지는 전혀 고통을 느끼지 못했다.

케네스가 살인을 저질렀다는 사실은 확실해 보였다. 목격자도 증거도 있었다. 그렇지만 그가 법적으로 유죄라고 할 수 있는가? 잠자는 동안 벌인 일에 책임을 물을 수 있을까? 자신의 뇌 전체가 인지하지 못하는 상태에서 일어난 일에 대해 말이다.

케네스가 평소에 장인과 장모를 매우 좋아했다는 것과 전에 한

번도 폭력적인 성향을 보인 적이 없었다는 사실, 더불어 그가 자주 몽유병 증상을 보인 적이 있고 가족 중에도 몽유병 환자가 많다는 사실이 반영되어, 그는 최종적으로 무죄 판결을 받았다. 그리하여 그는 풀려났고, 그 이후로는 그런 종류의 문제를 일으키지 않았다.

케네스의 무죄 판결에 도움을 주었던 사안이 하나 더 있다. 의사들이 그가 자는 동안 그의 뇌를 분석한 결과 그의 뇌는 하룻밤 사이에도 10회에서 20회씩 깊은 수면 단계에서 각성 단계로 곧장 널뛰기하듯 옮겨 가는 것이 확인된 것이다. 일반적으로는 깊은 수면에서 가벼운 수면을 지나 꿈 수면을 거쳐 깨어나는 식인데 말이다. 케네스의 수면 패턴은 서로 다른 수면 단계 간의 이동이 매우 빠르고, 이때 뇌의 모든 부분이 잘 연결되지 않을 수도 있음을 보여 주었다.

다행히도 이 사례는 매우 특이하고 극단적인 경우이다. 몽유병자들이 하는 행동은 대개 외부에 해가 되지 않는 것들이다. 예를 들면 무엇을 먹는다거나, 물건을 옮긴다거나, 말이 안 되는 문자 메시지를 보낸다거나 하는 정도의 일들이다.

수면은 이런 것

무의식 상태이다.

수면 중일 때는 자신이 자고 있다는 것을 모른다.
깨어난 뒤에야 잠을 잤다는 것을 안다.

비교적 중단하기 쉽다.

자고 있는 사람은 깨울 수 있다.
쉽게 깨울 때도 있고 시간이 걸릴 때도 있다.

근육이 이완된다.

심장 및 내장 기관, 땀샘, 모낭 등의 움직임을 담당하는 근육은 무의식적으로 작동하는 근육(제대로근)으로 수면 중에도 평소처럼 운동하지만, 골격근과 같이 우리가 의식적으로 움직임을 조절할 수 있는 근육(맘대로근)은 모두 쉬게 된다.

외부 자극에 거의 반응할 수 없게 된다.

뇌가 외부 세계로부터의 접속을 끊어 더 이상 청각, 후각, 촉각을 느끼지 못한다.

또한 수면은 다음의 개념들과는 구별된다.

★ **의식 불명(혼수상태, 코마)**: 깨울 수도 없고, 소리나 접촉에도 반응하지 않는다. 우리가 자고 있을 때와 같은 방법으로는 몸을 통제할 수 없다. 예를 들어, 침대에서 몸을 돌린다거나 기침을 하고 침을 삼키는 것과 같이 우리가 자는 동안 하는 행동은 할 수 없고, 배가 고프거나 소변이 마렵다고 해서 깨어날 수도 없다.

★ **마취**: 수술 등을 위해 의사가 의도적으로 일으키는 의식 불명 상태이다. 환자가 마취용 기체를 호흡하게 하거나 환자의 몸에 약물을 주사함으로써 이루어진다. 마취 상태에서는 고통을 느낄 수 없고 시간 감각도 없어진다.

★ **동면**: 특정 동물들이 겨울 동안 취하는 것으로, 활동이 멈추고 잠을 자는 듯한 상태가 된다. 신진대사가 느려지고 체온이 낮아진다.

생물의 몸속에는 시계가 있다

사진 속 식물의 이름은 미모사이다. 미모사는 밤이면 잎을 오므리고 아침이 되면 잎을 다시 펼친다. 햇빛이 없는 곳에서도 마찬가지다. 이는 프랑스의 과학자 장 자크 도르투 드 메랑이 1729년에 발견한 사실이다. 그는 미모사의 이러한 모습에 호기심이 발동해 암실에 화분을 가져다 놓았다. 다음 날 아침 암실에 갔을 때, 미모사는 어둠 속에서조차 잎을 펼치고 있었다. 이는 미모사의 움직임이 태양 빛에 영향을 받는 것이 아니라 하루라는 시간에 반응한다는 것을 보

나한테는 생체 시계가 있어!

나도!

똑딱똑딱…

24

여 준다. 마치 내장된 시계라도 있는 것처럼 말이다.

이를 계기로 여러 과학자들이 다른 식물들과 동물들을 연구하게 되었고, 그 결과 최소 며칠 이상을 사는 유기체들은 모두 생체 시계를 가지고 있다는 사실을 발견했다. 아주 미세한 박테리아에서부터 커다란 포유류에 이르기까지 말이다.

사람 역시 예외가 아니다. 사람은 각자 자신만의 일주기 리듬(24시간을 주기로 나타나는 생물 활동의 리듬)을 가지고 있다. 확인할 시계가 없더라도 우리는 하루 중 어느 정도의 시간이 되었는지를 감지한다. 알람 시계가 울리기 몇 분 전에 항상 깨는 사람도 있다. 또 어떤 사람들은 점심시간을 이용해 15분만 자자고 마음먹고는 딱 15분이 지나서 일어나기도 한다. 일주기 리듬은 우리가 언제 일어나고 언제 잘지 결정할 수 있게 도와준다. 체온, 기분, 배고픔, 목마름, 용변에도 영향을 준다.

아! 오후에 하면 훨씬 잘할 텐데……!

★ 육상 경기 세계 신기록은 대부분 오후 경기에서 나왔다.

나는 아침형 인간일까,
저녁형 인간일까?

아침에 활력이 넘치는 사람인지, 저녁에 힘이 나는 사람인지는 피부색, 머리카락 색, 눈동자 색처럼 타고나는 것이다. 이를 주창한 사람은 독일의 시간 생물학자 틸 로엔베르크다. 그는 세계 최초로 생체 시계에 대해 연구한 학자이다.

언제 잠을 자고 일어날지를 스스로 자유롭게 결정할 수 있다면, 사람마다 아주 다양한 시간대를 선택할 것이다. 세 사람이 한집에 산다고 가정해 보자. 마리아는 밤 10시경에 잠이 들고 아침 6시가 되기 전에 일어나곤 한다. 소피아는 밤 12시 30분경에 잠이 들고 아침 8시 30분까지 자고 싶어 한다. 카타리나는 새벽 2시까지 깨어 있고 아침 6시에는 가장 깊은 잠을 자며(마리아가 일어나는 시간에!) 10시까지 계속해서 잔다. 이렇게 크로노타입(일주기 리듬에 따라 사람마다 달라지는 활동 및 수면 시간대의 경향성)이 다른 세 사람이 한집에서 지내기란 여간 어려운 일이 아닐 것 같다. 그러나 다른 측면으로 보면 화장실을 기다릴 필요가 없다는 점에서는 아주 편리할 수도 있겠다.

아침에 피곤해하는 사람이 아침 일찍 일어나야 하는 경우, 뇌가 따라가 주지 못하는 느낌을 받을 것이다. 실제로 뇌의 중요한 부분인 전전두 피질이 그렇다. 이 부분은 논리적이고 추상적인 사고를

26

담당하며 감정도 통제한다. 아침에 피곤해하는 사람이 아침에 짜증이 잘 나는 것은 당연한 일이다.

마찬가지로 밤에 피곤을 빨리 느끼는 사람이 늦게까지 깨어 있어야 한다면 화도 나고 짜증도 날 것이며 머리도 잘 돌아가지 않을 것이다. 게다가 다른 사람들은 여전히 즐겁게 노는데 자기만 일찍 잠이 오는 게 불만스러울 수도 있다.

일부 직장에서는 탄력 근무 시간제를 실시하고 있다. 직원들이 출퇴근 시간을 선택하는 것이다. 하루 8시간을 일하고, 필요시 동료들과 만날 수 있도록 일정한 낮 시간대에는 회사에 나와 있는다는 조건을 충족하기만 하면 된다.

학생들도 다른 기준 대신 각자의 일주기 리듬에 따라 학교나 학급을 구분하면 어떨까? 아침형인 학생들은 아침 8시에 수업을 시작하는 반에 들어가고, 아침에 피로를 많이 느끼는 학생들이라면 10시에 시작하는 반에 들어가는 식으로 말이다. 물론 아침형 교사는 아침형 학생들이 있는 학급에서 가르치고 저녁형 교사는 저녁형 학생들을 가르치면 될 것이다.

일주기 리듬은 타고나는 것이지만, 우리가 살고 있는 사회의 영향도 받기 마련이다. 주변에 인공 빛, 조명 장치가 많을수록 늦게 잠을 자는 사람이 많아진다.

우리 중 40%는 아침형 인간이고, 30%는 저녁형 인간이다. 30%는 자신이 속해 있는 그룹이나 사회에 맞추어 어느 쪽으로든 적응할 수 있다.

하루의 길이는 저마다 다르다

과학자들은 사람들(자발적으로 참가한 실험 지원자들)을 창문도 시계도 없고 외부 세계와 단절된 특수한 건물이나 동굴 속에 가두고 다양한 실험을 했다. 그 안에서 사람들은 몇 주 동안을 지내면서 낮과 밤을 스스로 결정했다.

대다수의 사람들은 하루를 평소와 비슷하게 구분하여 보냈다. 7~8시간을 자고, 깨어 있는 동안 3~4회 식사를 하고, 피곤해지면 잠자리에 들었는데 그때를 밤이라고 생각했다. 그중 몇몇은 생체 시계가 실제 태양의 움직임과 똑같이 움직이고 있는 것으로 나타났다. 그들은 매일 거의 정확한 시간에 잠자리에 들었다. 또 다른 몇몇은 매일 밤 전날보다 조금씩 더 일찍 잠자리에 들었다. 그들의 생체 시계는 하루를 24시간보다 짧게 인식했다.

그러나 대부분은 매일 밤 잠자리에 드는 시간이 조금씩 늦어졌다. 그들의 생체 시계는 하루의 길이를 실제보다 조금 더 길게 생각하는 것이다. 하루를 좀 더 길게 늘이고 싶은 마음은 우리 대부분에게 잠재되어 있다. 얼마나 늘이고자 하는지는 개개인에 따라 차이가 있겠지만, 평균적으로 생체 시계는 24시간 15분으로 하루를 인식하고 있었다.

다행히 대부분의 사람들은 벙커 같은 곳이 아니라 창문이 있는 집에 산다. 햇빛은 우리 뇌로 하여금 우리 안의 생체 시계가 태양

의 움직임과 같이 가도록 조절할 수 있게 돕는다. 일반 조명등으로
는 어림없다. 햇빛이어야만 한다. 햇빛이 백열등이나 형광등보다
훨씬 강하다.

따라서 밝을 때 한두 시간 동안 밖에 나가 있는 것은 아주 현명
한 선택이다. 오전 시간대가 가장 좋다. 밖에 나갈 수 없다면 창문
에 되도록 가까이 앉아 있는 것도 좋다. 연구 결과에 따르면 학생
들 중 창문 가까이 앉는 학생들이 창문에서 멀리 떨어져 앉는 학생
들보다 수면의 질이 좋다고 한다.

햄스터, 다람쥐 등 몇몇 동물들에게는 하루가 24시간보다 조금
짧다. 반면 소말리아동굴물고기에게 하루는 47시간이나 된다. 소
말리아 사막의 땅속 깊은 곳에 있는 동굴에서 햇빛과
완전히 차단된 채로 약 2백만 년을 그렇게
살았으니 말이다. 동굴물고
기의 생체 시계를 조절하는
것은 주로 식사 시간이다.

흥!
내 하루가
짧은 게 아니라
너희 하루가
긴 거야!

멜라토닌

뇌 속 아주 깊은 곳에는 완두콩만 한 작은 샘이 있다. 솔방울샘
이라 불리는 이곳에서 멜라토닌이라는 호르몬이 분비된다. 멜라토
닌은 우리가 잠을 잘 자는 데 꼭 필요하다. 밤이 되면 잘 시간이라
고 알려 주는, 이를테면 수면제와도 같은 것이다. 그렇다고 멜라토

닌이 마취제는 아니며, 우리 몸에 보내는 일종의 신호 같은 것이다. 멜라토닌이 첨가된 알약을 먹는 것은 몸에게 "잘 시간이야!"라고 말하는 것과도 같다.

밤이 깊어지는 동안 멜라토닌의 수치는 천천히 감소한다. 아침 햇살이 감고 있는 눈꺼풀에 닿으면 솔방울샘에 신호를 보내 멜라토닌을 그만 내보내라고 한다. 따라서 낮의 길이가 긴 지역에서 사는 사람은 눈에 안대를 하고 자는 것이 좋다.

눈의 망막은 빛을 받고 감지하는 역할을 한다. 그래서 망막에 손상을 입은 시각 장애인들은 일주기 리듬을 조절하는 데 어려움을 겪는다. 앞에서 말한 소말리아동굴물고기는 시각이 완전히 퇴화하여 멜라토닌도 나오지 않는다.

반딧불이, 부엉이, 오소리, 안경원숭이 등 많은 동물들은 일주기 리듬이 사람과 반대이다. 즉 밤에 일어나고 낮에 잔다. 그들의 솔방울샘도 밤이 되면 멜라토닌을 보내는데, 그들에게는 그 신호가 '일어나라'는 것이다.

10대들은 피곤하다!

아침에 어린아이들은 보통 부모들보다 더 기운이 넘친다. 그러나 10대가 되면, 커다란 변화가 일어난다. 거의 모든 청소년들이 아침에 팔팔하던 모습을 잃고 피곤해하기 시작한다. 마치 10대들의 생체 시계가 몇 시간 앞당겨진 것처럼 말이다. 몸은 더 늦게 잠자리에 들고 싶어 하고 아침에는 더 오래 자고 싶어 한다. 그러나 20대가 되면 이러한 현상은 잦아들고 다시 아침 일찍 일어날 수 있게 된다.

열다섯 살짜리에게 아침에 활기차게 학교에 가기 위해 밤 10시에 자라고 하는 것은, 성인에게 7시나 8시에 자라고 하는 것과 같다. 그래야만 하는 경우라도 그 시간에 쉽게 잠드는 성인은 흔치 않을 것이다. 마찬가지로 10시에 잠드는 10대 역시 많지 않다. 그들도 아침 일찍 학교에 가야 한다는 걸 잘 알지만 말이다.

성인을 새벽 4시에 깨워 보자. 6시 30분에 일어난 10대만큼 정신을 못 차리지 않겠는가?

"밤에는 잠들기가,
아침에는 깨기가 힘들어요."

-토레(14세)-

"한 달에 한 번 정도 학교에서 잠이 들어요. 보통 5분 정도만 자다가 친구가 깨우면 일어나죠. 딱 한 번, 중학교 1학년 때 사회 과학 시험을 보는데 시험 시간 내내 잔 적이 있긴 해요."

토레는 늘 수면 장애를 겪어 왔다. 그의 부모님은 토레가 세 살이던 새해 전날 밤의 일을 들려주었다.

"부모님이 우리들 보라고 영화를 틀어 줬대요. 말테 형을 비롯해서 다른 아이들은 모두 잠들었는데 나만 안 자고 혼자 끝까지 영화를 봤대요. 지금은 잠을 잘 자기 위해 멜라토닌을 먹어요. 그럼 아주 편하게 잠들어요."

2년 전, 토레는 ADD(주의력 결핍 장애) 판정을 받고 약을 복용하기 시작했다.

"집중하는 게 어려워서 검사를 받았어요. 처음에는 효과가 지속적인 수면제를 복용해 봤는데, 그랬더니 아침에도 피곤한 거예요. 지금은 멜라토닌을 먹고 있는데 효과가 바로 나타나요. 그렇게 잠이 들면 잠도 잘 자요. 주의할 점은 멜라토닌을 먹고 15분 안에 침대에 눕지 않으면 잠이 아예 달아나 버려서 아주 오랫동안 잠이 안 올 수도 있다는 거예요.

난 어릴 때부터 생각이 너무 많은 아이였어요. 이런 식이죠. '자, 이제 아이패드는 치우고 자야지. 그런데 자는 동안 무슨 일이 일어날지 모르잖아. 내가 죽기라도 하면, 집에 불이라도 나면……' 그래서 이런 잠생각을 떨치려고 다시 아이패드를 보기 시작하고, 어느새 아침 7시가 되는 거예요. '아, 젠장. 이제 학교 갈 준비를 해야 하잖아.'"

토레와 말테 형제는 번갈아 가며 한 주는 엄마 집에서, 다음 한 주는 아빠 집에서 지낸다. 아빠 집에는 아빠의 여자 친구와 그 둘 사이에서 태어난 남동생 빅터도 있다.
(스웨덴에서는 이혼이 아주 흔한 편이고, 양육권을 부부가 반씩 나눠 갖는 것이 일반적이다. 한 주씩 번갈아 아이들을 돌보는 것도 흔한 모습이다.)

"아빠 집에서 더 잘 자요. 침대도 더 편하고 쇠사슬 이불(안감에 작은 쇠사슬이 꿰매져 있어 무게에 의해 몸에 더 붙고 잘 감겨 숙면을 도와주는 이불)도 쓸 수 있어요. 그 이불은 사실 빅터 건데 빅터는 무겁다고 안 좋아해요. 난 그 이불을 덮고 자는 게 아주 좋아요. 아빠 집에 가면 더 일찍 잠자리에 들기도 하는데, 아빠가 아이패드 보는 시간을 엄격하게 지키게 하기 때문이죠."

엄마 집에서 토레는 혼자 방을 쓴다. 아빠 집에서는 형 말테와 함께 방을 쓴다.

"엄마 집에서는 더 자유로워요. 형이 깰까 봐 조심할 필요도 없고요. 게다가 형은 잠꼬대도 많이 하고 자는 동안 시끄러운 소리도 많이 내요. 그래서 아빠 집에서 잘 때면 형보다 빨리 잠들려고 하죠. 아빠 집에서 잘 때 안 좋은 건 주말에 늦잠을 자지 못한다는 거예요. 엄마 집에선 주말이면 낮 1시까지 안 일어나도 되는데 아빠 집에선 10시까지만 늦잠 잘 수 있거든요. 형이 그 전에 깨우면 엄청 짜증이 나죠. 충분히 잤다고 느껴지도록 12시간은 자야 하는데 말이에요."

엄마 집과 아빠 집의 평일 아침 풍경도 다르다.

"아빠 집에는 알람 시계가 있지만 그 소리에 깨지를 못했어요. 그래서 이제는 아빠가 직접 깨워 줘요. 가끔 아빠 목소리도 못 들지만요. 아침에 깨어서도 꿈이 계속될 때가 있어요. 그래서 알람 소리가 꿈속에서 울린다고 생각하는 거예요. 실제로 울리고 있는 건데 말이에요.
엄마는 친절하게도 아침 식사를 내 침대로 가지고 와요. 엄마 집에 있으면 훨씬 아늑하고 여유로운 아침을 맞아요. 단점은 너무 여유로운 나머지 학교에 지각할 때가 많다는 거죠."

얼마나 자는 게 적당할까?

우리가 살아가는 동안, 필요한 수면의 양이나 일주기 리듬은 계속 달라진다.

신생아는 아주 많이 잔다. 아기들의 위는 작고, 신진대사는 활발하다(몸이 음식물을 빠르게 에너지로 전환시킨다). 그래서 자주 먹어야 한다. 배가 고프면 잠에서 깨어났다가, 먹고 나면 대개 곧 다시 잠이 든다.

만 1세쯤 되면 밤에 더 많이 자고 낮에 덜 자기 시작한다.

만 4세쯤 되면 대부분의 아이들이 규칙적인 일주기 리듬을 갖게 되며 주로 밤 내내 잔다. 그러나 이때도 낮에 몇 시간씩은 자야 한다. 사실 대부분의 사람들은 하루 중 어떤 시점이 되면 피곤해지기 마련이다. 따라서 오후의 짧은 낮잠은 누구에게나 이롭다(밤에 잠드는 게 어려운 사람만 아니라면 말이다).

만 6세에서 12세 사이의 어린이들은 낮잠은 거의 자지 않지만, 여전히 밤에는 성인보다 더 많이 잘 필요가 있다. 밤잠은 9~11시간 정도가 적당하다. 11~12세 정도 되면 필요한 수면 시간은 점점 짧아진다.

청소년이 되면 일주기 리듬이 더 늦어진다. 즉 잠자리에 더 늦게 들고 싶어 하고, 아침에도 더 늦게 일어나고 싶어 한다.

일부 성인들은 하루 7시간만 자도 몸이 가뿐한가 하면, 적어도 8

시간 반 정도는 자야 하는 성인들도 있다. 그러나 대부분의 성인들은 필요로 하는 것보다 적게 잠을 잔다.

　노인들은 대개 젊은 성인들보다는 덜 잔다. 그렇다고 해서 잠을 덜 필요로 하는 것은 아니다. 노인이 되면 잠이 줄어드는 이유는 확실하지 않다. 몸이 아파서 잠드는 것이 힘들 수도 있고, 도중에 깨서 화장실을 다녀왔다가 다시 잠들지 못하는 경우도 있고, 또 자는 동안 죽지 않을까 두려워 잠을 못 이루는 노인도 있을 수 있다. 심장의 작동을 돕는 약을 복용하는 노인의 경우 그 약으로 인해 수면 장애를 겪기도 한다. 몸이 노화되어 여러 가지 문제를 겪듯이, 잠을 잘 못 자는 것도 어쩌면 젊을 때만큼 몸이 말을 듣지 않아서인지도 모른다.

수면의 롤러코스터

잠을 자는 동안 수면의 상태는 일정하지 않다. 수면 상태는 네 가지 단계로 나눌 수 있으며 각 단계를 여러 번 넘나든다. 자는 내내 마치 롤러코스터를 타고 오르내리듯 수면의 단계들을 반복하며 지나는 것이다. 잘 자는 성인의 전형적인 수면 모습은 다음과 같다.

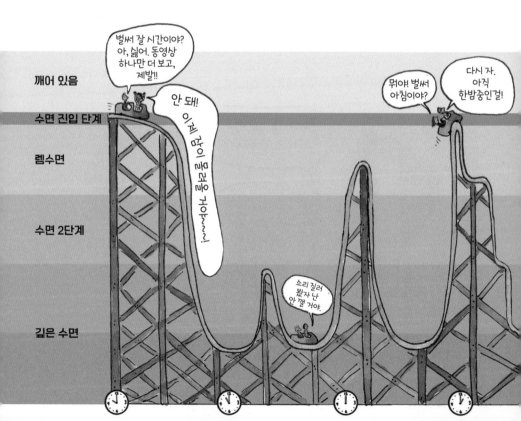

수면 진입 단계. 5분 정도로 매우 짧다. 잠과 각성의 경계에 있어서, 이때 깨우면 아마도 이렇게 말할 것이다. "아냐, 나 안 잤어!" 이 단계에서 우리는 주로 몸을 뒤척이며 자세를 바꾼다. 제1단계 비렘수면, 즉 NREM1(Non Rapid Eye Movement 1)이라고도 한다.

렘수면. 비록 우리는 자고 있지만 어떤 부분은 이전보다 더욱 깨어 있다. 심장 박동과 호흡, 체온이 불규칙해지고, 눈꺼풀 속의 안구도 더 빠르게 움직인다. 그래서 이 상태를 렘수면이라고 한다. 렘(REM)은 빠른 안구 운동(Rapid Eye Movement)이라는 뜻이다. 가끔 렘수면을 꿈 수면이라 부르기도 하지만, 꼭 맞는 이름은 아니다. 우리가 꿈을 꿀 때가 대부분 렘수면 상태이고 이때 더 길게 꿈을 꾸는 게 사실이지만, 다른 단계에서 꿈을 꿀 수도 있기 때문이다.

수면 2단계. 이 단계에서 우리는 제대로 잠을 잔다. 그렇지만 비교적 쉽게 깰 수 있다. 일반적으로 이 수면 단계로 전체 수면 시간의 반 정도를 보낸다. 제2단계 비렘수면(NREM2)이라고도 한다.

깊은 수면. 이 단계에서는 알람 시계가 울려도 일어나는 데 꽤 시간이 걸린다. 뇌가 천천히 운동해서 작동하기까지 시간이 걸리기 때문이다. 스트레스 호르몬 수치도 낮아서, 갑작스러운 소리와 같이 평소에는 스트레스를 받을 만한 것에도 잘 반응하지 못한다. 제3단계 비렘수면(NREM3) 또는 서파 수면, 즉 SWS(Slow Wave Sleep)라고도 부른다.

우리는 매일 밤 10~20회 정도는 잠에서 깬다. 그러나 대개 바로 다시 잠들기 때문에 이를 잊어버리는 것이다. 8시간을 잤다고 말하는 사람의 경우 깨어 있었던 시간을 모두 합하면 1시간 정도 되지만 이를 기억하지 못한다. 수면은 모든 단계가 중요하다. 우리의 뇌와 몸에서는 각각의 단계마다 각기 다른 일들이 일어난다. 수면의 모든 단계를 거치지 않는다면 뇌도 몸도 최상의 상태로 작동할 수 없다.

수면 중에도 뇌는 일한다

우리가 자는 동안 뇌가 어떻게 작동하는지를 보기 위해 머리에
전극을 연결하면, 각 단계에서의 뇌파는 다음과 같은 모습으로 나
타난다.

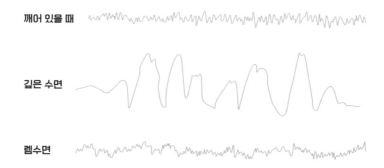

렘수면 단계에 있을 때 뇌의 활동은 깨어 있을 때와 매우 유사
하다. 수면 연구자나 뇌 과학자들조차 이 사진만을 보고는 자고 있
을 때인지 렘수면 상태인지 판단하기가 어렵다.

반면 깊은 수면 상태일 때는 깨어 있을 때와 아주 큰 차이를 보
인다. 이때는 뇌파가 위아래로 아주 천천히 움직인다. 깨어 있을
때나 렘수면 때 속도의 10분의 1 정도다. 이렇게 긴 뇌파를 델타파
라고 하며, 이는 이러한 숙면 상태에서만 나타난다.

렘수면

렘수면을 깨어 있는 상태와 구분하는 한 가지는, 신체가 움직이지 않는다는 점이다. 달리기를 하는 꿈을 꾸고 있을 때에도 우리 다리는 침대 위에 가만히 놓여 있을 뿐이다.

우리가 깨어 있을 때 뇌는 뇌줄기를 통해 신호를 보낸다. 뇌줄기는 대뇌와 척수 사이를 연결하는 줄기로, 이 부분을 통해 왼쪽 발을 움직이라는 등의 신호를 보내는 것이다. 그러나 렘수면을 할 때에는 이 부분이 꺼져 있다. 신호가 가지 않는 것이다. 머릿속에서는 발을 움직이고 있지만 실제 근육은 그렇지 않다. 참 다행스러운 일이다. 우리가 다른 사람과 침대를 같이 쓰는 경우라면 더욱 그렇다.

꿈속에서는 모든 것이 아주 빠르게 변화한다. 갑자기 완전히 새로운 장소에 가 있기도 하고, 자동차가 보트가 되기도 하고, 실내에 있는데 눈이 내리기도 하니 말이다. 과학자들은 이것이 시간과 공간을 지각하는 뇌의 부분들이 잠을 자는 동안에는 활성화되지 않기 때문이라고 설명한다. 실제로 우리는 가만히 한 장소에 누워 있으니 활성화될 필요가 없는 일이기도 하다.

렘수면은 인지 능력의 발달에 매우 중요하다. 현명하게 사고하고, 다양한 문제를 해결하며, 시공간을 지각하고, 숫자와 상징을 사용하고, 복잡한 문장을 구사하며, 도구를 발명하는 것 등이 모두 인지 능력에 연관된 것이다.

렘수면은 또한 우리의 사회성에도 커다란 영향을 미친다. 다른 사람들과 얼마나 잘 어울리는지, 잘 화합할 수 있는지, 사람의 표정이나 몸짓을 잘 읽고 공감할 수 있는지 등에 말이다. 렘수면을 충분히 취하지 못하면 생각이 둔해지고, 평소보다 더 화를 잘 내고 짜증을 내게 된다.

신생아들—그리고 곧 태어날 태아들—은 잠을 많이 자며, 그중 최소 절반을 렘수면이 차지한다. 렘수면은 두뇌 발달에 매우 중요하다. 생후 첫 1년 동안 두뇌 속에 있는 수많은 '선'들이 렘수면의 도움으로 당겨져 서로 연결된다. 이 연결을 '시냅스'라고 한다.

10~12세부터는 깊은 수면을 더 많이 하는데, 이때부터는 숙면이 두뇌 발달에 매우 중요하다. 두뇌는 크기 면에서는 다 자랐지만 여전히 많은 기능들이 정교하게 다듬어지고 조정될 필요가 있는데, 그 과정은 깊은 잠을 자는 동안 이루어진다. '청소년' 쥐와 고양

이를 실험한 과학자들은 숙면을 취하지 못하면 뇌가 충분히 성숙하지 못한다는 것을 확인했다.

깊은 수면

사람들로 넘쳐나는 대도시의 아침을 떠올려 보자. 가자의 일로 바쁜 사람들의 물결이 상당히 혼돈스러워 보인다. 그러나 혼돈은 아니다. 우리가 깨어 있을 때 뇌 속의 모습이 이와 유사하다. 수십억의 뇌세포가 다른 세포들과 여러 방법으로 결합하여 엄청나게 다양한 일을 한다.

이 도시의 사람들이 모두 밤새 깨어 있다고 상상해 보자. 그리고 그들이 일제히 같은 노래를 부르기 시작한다고 하자. 느리고 고요한 멜로디의 노래 말이다. 잠자는 사람이 숙면의 단계로 접어들 때, 이와 같은 일이 벌어진다. 모든 것이 점점, 아주 느려지면서 모든 두뇌 세포가 박자에 맞춰 '노래'를 부르는 것이다.

이러한 모습은 길고 규칙적인 델타파에서 나타난다. 깊은 수면은 깨어 있을 때와 가장 분명하게 구분되는 수면 단계이다. 이때 뇌 전체가 긴장을 풀고 이완되고, 동시에 뇌 속의 여러 인상들이 서서히 각자의 자리를 찾아간다. 몸과 세포들은 깊은 수면을 취하는 동안 가장 왕성하게 회복된다.

뇌의 구조

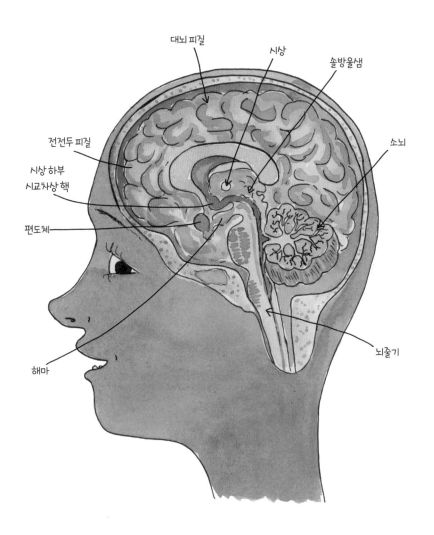

대뇌 피질

시상

솔방울샘

전전두 피질

소뇌

시상 하부

시교차상 핵

편도체

해마

뇌줄기

★ **시상**: 모든 감각, 인상이 여기로 먼저 들어온 뒤 뇌의 다른 부분으로 전달된다. 또한 여기서 어떤 신호를 받아들이고 어떤 것은 버릴 것인지 결정한다. 이 '문'은 우리가 깊이 잠들수록 더 단단히 닫힌다. 눈꺼풀이 닫히면 시각이 닫히듯이 소리, 냄새, 촉감도 그와 비슷한 방식으로 바깥으로부터 차단된다.

★ **시상 하부**: 피로와 수면, 허기와 갈증 등과 같은 기본적인 기능들을 조절한다.

★ **시교차상 핵**: 양쪽 눈에서 나온 시신경이 교차하는 지점 바로 위쪽, 시상 하부 안에 있다. 햇빛이 생체 시계를 조절하는 데 도움을 준다. 시교차상 핵은 2만 개의 신경 세포(뉴런)로 구성되어 있다. 신경 세포는 아주 작은 크기로, 뇌 전체에는 1000억 개 정도나 있다.

★ **솔방울샘**: 수면 호르몬인 멜라토닌이 생성되는 곳으로, 완두콩 하나 정도의 크기이다.

★ **해마**: 하루 동안 우리가 받아들이는 모든 새로운 정보가 이곳에 들어온다. 우리가 잠을 자는 동안 해마는 이 정보들을 다 비워 대뇌 피질의 다른 장소로 옮긴다. 또는 버리기도 한다.

★ **대뇌 피질**: 뇌의 구겨진 바깥층으로 여기서 기억이 저장된다.

★ **소뇌**: 운동 기능, 즉 몸의 움직임을 조절하는 곳이다. 하루 동안 익힌 운동 기술이 여기에 저장된다.

★ **편도체**: 우리가 두렵거나 화가 날 때 바로 반응하는 뇌의 감정 센터이다. 뇌에서 생각을 더 많이 하게 하는 부분으로 연결되지 않고 바로 반응을 일으킨다. 즉 어떻게 하는 게 더 현명한 대처인지 생각하기 전에 이미 도망치거나 싸움을 벌이게 되는 것이다.

★ **전전두 피질**: 이성적인 생각과 논리적인 결정은 이곳에 속해 있다. 렘수면 중에는 이 부분이 전혀 활성화되지 않는다. 꿈속에서 일어나는 일들이 전혀 논리에 맞지 않고 오락가락하는 것은 이 때문이다. 또한 전전두 피질은 편도체에서 나오는 충동들을 받아들이고 조절하는 역할도 담당한다. 예를 들어 지금 싸움을 하는 게 과연 현명한 행동인가를 판단하게 하는 것이다.

★ **뇌줄기**: 뇌에서 보내는 신호가 여기를 지나 척수로 내려가며 몸으로 전달된다. 렘수면 중일 때는 이 길이 닫혀서, 근육들이 움직이라는 신호를 받지 못한다.

우리가 자는 동안
뇌에서는 청소가 시작된다

뇌 속은 액체로 되어 있다. 우리가 자는 동안 이 액체가 사방으로 뿜어지면서, 쓰고 남은 단백질 찌꺼기를 비롯한 노폐물이 세포에 붙어 버리지 않도록 씻어 낸다.

가장 깊은 비렘수면 상태에서는 뇌의 신경 교세포(신경 세포가 정상적인 기능을 할 수 있도록 돕는 세포)가 수축하면서 크기가 반으로 줄어든다. 그렇게 되면서 신경 세포 간 틈새가 넓어지고, 뇌척수액이 혈류 안으로 찌꺼기들을 씻어 낼 수 있는 공간이 더 많이 확보된다.

림프계가 머리 아래쪽 몸 안의 노폐물을 씻어 낸다는 것은 1600년대에 밝혀진 사실이다. 그러나 림프계가 없는 두뇌 속의 노폐물은 어떻게 청소되는지에 대한 수수께끼는 2012년이 되어서야 비로소 풀렸다.

이를 밝혀낸 덴마크 과학자 마이켄 네더가드는 이러한 뇌의 청소 시스템을 '글림프계Glymphatic system'라고 명명했다. 이 이름은 신경 교세포Glia와 림프계Lymphatic system의 합성어이다.

알츠하이머병을 앓는 노인들은 이전에 당연했던 것들이 점점 더 기억하기 어려워지는 증상을 보인다. 자식들의 이름이 뭐였는지, 여름에 자주 가던 여행지가 어디였는지 등을 기억하지 못하는 것이다. 깊은 수면 중에 씻겨 나가는 유해 물질 가운데 아밀로이드라는 단백질이 있는데, 이것이 씻기지 못하고 뇌 속에 머물게 되면 많은 양의 기억들을 막아 버린다.

과학자들은 부족한 수면이 글림프계를 원활하게 작동하지 못하게 하여, 아밀로이드가 제거되지 못하면서 알츠하이머병으로 이어질 수 있다고 생각한다.

글림프계는 낮 시간 동안 거의 빈둥거리지만, 우리가 잠을 자는 동안에는 최고치로 가동되어 10~20배 빨라진다.

잠을 자야 시험도 잘 볼 수 있다

바다 동물 해마를 닮아 이름 붙여진 해마는 뇌의 작은 부분으로, 모든 새로운 정보들은 먼저 이곳으로 들어온다. 그리고 그 정보들은 우리가 잠들 때까지 해마 안에 머문다.

우리가 잠을 잘 때 해마 안에 있던 정보들은 뇌의 다른 장소로 이동하고 해마는 비워진다(뇌가 별로 중요하지 않다고 판단한 정보들은 버려진다). 우리가 잠을 자지 않으면 해마는 포화 상태가 되어 더 이상 정보를 받아들일 수 없게 된다. 정보가 들어오지 못하고 튕겨 나가게 되는 것이다.

우리가 배운 것을 오래 기억하기 위해서는, 반드시 잠을 먼저 자야 한다. 해마를 비워 새로운 정보를 받아들일 공간을 마련하는 것이다. 물론 새로운 정보를 받아들이고 난 뒤에도 잠을 잠으로써 이 정보가 알맞은 위치에 저장될 수 있도록 해야 한다.

> 너, 물리 시험 준비해야 하지 않아?

> 그러려고 자는 거예요!

잠을 자야 수영도 잘할 수 있다

'기억하기' 하면 세계 여러 나라 수도 이름 대기, 지난 방학에 무엇을 했었는지 말하기 등을 들 수 있다. 그러나 우리는 몸으로도 기억을 한다. 걷기, 자전거 타기, 수영하기처럼 한번 익히고 나면 잊어버리지 않는 것들 말이다.

새로운 피아노 곡을 연주한다거나, 스케이트보드를 타는 것처럼 아무리 노력해도 안 될 것 같던 일도 하룻밤 자고 일어나 다음 날 다시 해 보면, 그 복잡한 동작이 어느새 내 몸에 자리 잡고 있음을 알게 된다. 이런 종류의 기억은 남아프리카 공화국의 수도나 이웃집 강아지의 이름을 기억하는 것과는 다른 방식으로, 다른 위치에 저장된다.

이 기억들은 뇌의 완전히 다른 곳으로 이동되는데, 이곳에는 의식이 닿지 않는다. 이렇게 배우는 것들은 일종의 본능 같은 것이 되는데, 뇌 속으로 이러한 기억이 저장되면 수영을 할 때 팔다리의 동작을 단계별로 일일이 생각할 필요가 없다. 모든 동작은 저절로 나오게 된다.

이를 위해 특히 중요한 것이 제2단계 비렘수면이다. 깨어나기 전 마지막 2시간 동안 제2단계 비렘수면이 많은 부분을 차지한다면, 이런 종류의 학습에는 최상의 조건이다. 따라서 아침 6시에 일어나 연습을 하러 나가는 사람은 그 시간에 침대에서 계속 자는 사람보다 불리할 수도 있다.

　제2단계 비렘수면에서 안정적인 수면을 하는 동안 가끔씩 짧고 집중적인 두뇌 활동이 나타나는 것을 볼 수 있다. 이때 관찰되는 뇌파로 '수면 방추', 'K복합파'가 있다.

수면 방추　　　　　　　　**K복합파**

　수면 방추는 우리의 뇌가 받아들이는 모든 정보를 어떻게 분류하는지에 관여한다. 또한 우리가 새로운 것을 배우는 데 매우 중요한 역할을 한다. 뇌 손상 등의 질병으로 인해 수면 방추가 적게 나타나는 사람은 새로운 것을 익히는 데 어려움이 있다는 연구 결과가 있다.

　수면은 이렇게 기억하는 것을 도와줄 뿐 아니라 잊어버리는 것도 도와준다. 예를 들어 영어 시간에 배운 새 단어는 기억해야 하지만, 어제, 이틀 전, 사흘 전에 먹은 점심 메뉴를 일일이 기억할 필요는 없다.

　수면 방추와 K복합파는 수면을 '보호'하기도 한다. 수면 방추가 강력하게 많이 나타나는 사람은 그렇지 못한 사람보다 소리에 덜 민감하여 잠에서 쉽게 깨지 않는다. 뇌가 외부로부터의 자극을 차단해서 뇌 안에서 일어나는 일에 완전히 집중할 수 있도록 하는 것이다.

강력한 감정을 일으킨 사건은 기억하기 쉽다. 예를 들어 지난해 학교 식당에서 좋아하는 아이의 식판을 실수로 엎은 일이 있었다면 그날의 메뉴를 지금도 기억할 확률이 높지만, 지난 월요일에 뭘 먹었는지는 기억하지 못할 수 있다.

걸음마를 배우는 시기의 아기는 그 어느 때보다도 제2단계 비렘수면을 더 많이 한다.

잠을 충분히 못 자면…

어느 날 갑자기 평소보다 2시간 일찍 일어나게 됐다고 가정해
보자. 동생이 아프거나, 등교 전에 들를 곳이 있거나 해서 8시간이
아닌 6시간만 잠을 자게 됐다고 말이다. 그러면 다음 날엔 조금 더
오래 자고 싶다는 생각이 들 것이다. 실제로 그렇게 하는 것이 좋
다. 36~37쪽의 그림을 보면, 잠의 마지막 부분을 렘수면이 많이 차
지한다는 것을 알 수 있다. 따라서 2시간 일찍 일어나는 바람에 전
체 수면의 25%를 잃었을 뿐 아니라 중요한 렘수면의 60~90%를
잃은 것이 된다.

반대로 2시간 늦게 잠자리에 드는 경우도 문제다. 친구와 통화를
하느라, 또는 이웃집 개가 시끄럽게 짖어서 빨리 잠들 수 없었다고
해 보자. 깊은 수면은 짧아지고, 다음 수면 단계로 더 빨리 이동하게
된다. 롤러코스터가 좀 더 앞으로 넘어가 버리는 것이다. 그렇게 되
면 수면의 시작 단계에서 깊은 수면을 제대로 못 하게 된다.

살다 보면 충분히 잠을 잘 수 없는 날이 있을 수 있다. 한 해의
마지막 날 제야의 종소리를 들으려고, 생일이라 도저히 오래 잘 수
없어서 등 다양한 이유가 있다. 가끔 그런다고 건강에 큰 해를 끼
치는 건 아니다. 그러나 너무 일찍 일어나거나 너무 늦게 자는 것
은 뇌나 몸에 좋지 않은 게 사실이다.

수면과 감정 조절

수면 과학자 매튜 워커의 연구팀은 한 청소년 집단을 대상으로 실험을 했다. 집단의 반은 하루 종일 잠을 안 자게 하고, 나머지 반은 평소처럼 잠을 자게 한 것이다. 다음 날 참가자들의 뇌를 뇌 스캐너에 연결하고 여러 가지 사진을 보여 주었다. 바구니, 물 위에 떠 있는 나무 같은 중립적인 사물의 사진들과, 불에 타고 있는 집, 공격을 하고 있는 독사와 같이 끔찍스러운 사진들이었다.

뇌의 일부분인 편도체는 스트레스에 매우 강하게 반응한다. 연구팀은 잠을 못 잔 참가자들의 편도체가 60% 이상 강하게 활성화되는 것을 볼 수 있었다. 반면 평소처럼 잘 잔 참가자들은 감정을 잘 통제하며 '저건 그냥 사진일 뿐이야.'라고 생각하는 모습을 보였다.

뇌에서 우리가 논리적으로 사고하고 현명한 판단을 하게 도와주는 부분은 이 편도체와 강한 연관성을 갖는데, 잠을 적게 잘수록 이 연결고리는 약해진다. 우리가 피곤할 때 감정이 손을 쓸 수 없이 날뛰게 되면, 논리적인 사고가 이를 막지 못할 수도 있다.

전 세계의 많은 교도소에서는 기본적으로 재소자들을 아침 일찍 깨운다. 재소자들이 차분하고 선량해져서 자신들의 미래에 대해 현명한 판단을 내리게 하는 데 이런 정책은 썩 좋은 방법이 아닐 수도 있다.

잠은 위안을 준다

어린 아기가 어찌나 서러운지 빽빽 울다 잠이 든다. 그러나 2시간 정도 자고 깨어나면 다시 기분이 좋아진다. 모든 슬픔은 멀리 날아가 버린 듯하다. 청소년과 성인도 어느 정도는 유사하다. 일반적으로 하룻밤을 자고 나면 조금은 기분이 나아진다. 렘수면과 꿈은 슬픔, 분노, 두려움을 잘게 부수어 날려 버리고 다시 감정의 균형을 이루게 한다. 물론 잠자리에 들기 전에 울었던 원인에 따라 달라질 수는 있다. 아침에 일어나니 더 이상 아빠한테 화가 나지 않을 수는 있지만, 자고 일어났다고 해서 죽은 고양이가 다시 살아나지는 않는다. 잠에서 깨자 마자 잠시 기분이 좋을 수 있지만, 이내 사랑하는 고양이가 죽었다는 사실을 기억해 내면 다시 슬퍼질 것이다. 물론 어제만큼 슬프진 않을 수도 있다.

뇌에서는 노르에피네프린(노르아드레날린)이라는 스트레스 호르몬이 나오는데, 렘수면 중에는 분비되지 않는다. 그렇기 때문에 꿈속에서는 실제라면 두려움을 느낄 만한 위험한 상황을 재현(또는 새로운 상황을 창조)해 보고, 이를 두려움 없이 해결해 보는 안전지대를 경험할 수 있다. 따라서 무서운 영화를 보고 나서 잠을 잘 엄두가 나지 않아도 자야 한다(물론 그 전에 우선 마음을 진정시킬 필요는 있다). 잠을 자고 그 무서운 것들을 꿈으로 꾸는 것이 현실에서 무서움에 떨지 않게 해 주는 최선의 방법이 될 테니까 말이다.

깊은 수면 중에 야경증이 발생하면 뇌에서 노르에피네프린이 분비된다. 몸의 다른 부분에서는 우리가 스트레스를 받을 때 근육을 긴장시키는 아드레날린이 분비된다.

잠을 자러 갈 때마다 자주 두려움을 느끼는 사람은 침대를 공포심과 연관 지어 생각하게 될 위험이 생긴다. 그러면 매우 좋지 않다. 잠을 잘 자기 위해서는 침대를 최대한 안전한 장소로 여겨야 한다.

-4장- 꿈

악몽에 대하여

아이들은 종종 악몽을 꾼다. 성인의 경우 남성보다는 여성이, 또 무서운 일을 당한 경험이 있는 사람일수록 더 자주 악몽을 꾼다. 그들이 겪은 일에 대처하기 위해 꿈의 도움이 필요하기 때문이다.

어린아이가 성인보다 악몽을 더 많이 꾸는 것은 아이들이 렘수면을 더 많이 하기 때문이다. 또한 아이들이 불가능해 보이는 일들에 많은 영향을 받는 데에도 관련이 있다. 이해할 수 있는 일보다는 이해할 수 없는 일에 더 두려움과 불안을 느끼기 때문일 것이다.

잠에서 깨어나기 바로 전에 악몽을 꿨다면 그 기분이 하루 종일

남는다. 아는 사람이 꿈에서 나에게 나쁘게 대했다면 하루 종일 그 사람에게 화가 나 있게 된다. 실제로 그 사람은 전혀 잘못이 없고, 심지어 꿈을 꾼 당사자가 꿈을 기억하지 못하는 경우에도 말이다.

악몽은 미래를 대비하게 해 주는 방법이 될 수 있다. 일부 과학자들은 특히 다양한 위협적인 상황에 대한 악몽들이 그런 경우라고 말한다. 꿈속에서는 누구에게도 피해를 주지 않으면서 문제에 대한 여러 가지 해결책을 시도해 볼 수 있다. 그러면 실제 상황이 발생했을 때 맞는 해결책을 취할 수 있는 것이다. 동시에 감정적인 부분도 단련된다. 예를 들어 살아 있는 사자와 맞닥뜨리는 경우 으레 엄청난 충격과 두려움을 느끼겠지만, 꿈에서 여러 번 사자를 만나 보았다면 그러한 감정적 측면을 극복할 수도 있다.

"어렸을 때, 커다란 굴착기나 오토바이에 쫓기는 꿈을 여러 번 꿨어요. 무서운 꿈이었죠. 그런데 언젠가 같은 꿈을 꾸다가 기둥 뒤에 서 있으면 안전하겠다고 생각하니 덜 무서워졌어요. 커다란 차량이 급히 달려오다 바로 방향을 트는 건 어려울 테니까요. 실제로 그 방법을 사용해서 나를 구한 적이 있어요. 아주 오랜 후에 숲에서 엘크와 맞닥뜨린 적이 있었는데, 나는 바로 나무 뒤에 숨고는 한숨을 돌렸지요. 다행히도 엘크는 나를 보더니 그냥 지나쳤어요."-카타리나(57세, 작가)

저 사람 왜 저러는 거지?

"어두운 게 무서워요. 무서운 꿈을 꿀 때도 있고요."

-예르디스(11세)-

"대체로 빨리 잠드는 편이지만, 가끔 시간이 걸리기도 해요. 무서운 걸 봤거나 안 좋은 일이 있었던 날에는요. 숙제 검사가 두 개나 있었던 날도 그랬어요. 숙제 검사도 받고 시험도 보고 그런 날에는 긴장을 푸는 데 시간이 더 걸려요."

예르디스는 자신만의 잠드는 방법이 몇 가지 있는데, 그중 한 가지는 나쁜 일을 오래 생각하지 않는 것이다.

"오늘이 그런 날인데요. 이제는 더 이상 생각하지 않으려고요. 가끔은 다른 특별한 것을 생각해 내려고 해요. 어떤 것을 정해서 일곱 가지, 열다섯 가지씩 떠올려 보는 거예요. 쿠키 종류를 일곱 가지 생각해 본다거나 하는 식이지요. 군넬 언니는 아주 금방 잠이 들어요. 자려고 같이 침대에 누워서 내가 뭔가 말을 걸면 언니는 벌써 자고 있어요. 거의 2초면 잠드는 것 같은데 도무지 이해가 되지 않아요."

예르디스와 군넬(12세)은 엄마 집에서도 아빠 집에서도 한방을 쓴다. 보통은 별 문제가 없다.

"나는 아침에 쌩쌩한 편인데, 언니는 아침에도 밤에도 피곤해해요. 주말에 6시면 일어나는데, 일어나서는 조용히 방을 나와요. 밖이 아직 어두우면, 언니는 자는데 난 깨어 있는 게 가끔은 무섭게 느껴져요. 계단에 누가 서서 나를 쳐다보고 있는 것 같아요. 엄마 집은 이층집이거든요. 그럴 땐 계단을 빨리 내려가서 불을 다 켜고 부엌에 들어가 문을 닫고 라디오를 켜요."

예르디스는 어두움을 두려워하는 것에 대해 여러 가지 방법을 쓰는데, 밤에는 특별히 현관문이 잘 잠겼는지 주의 깊게 확인하고 침대에서는 절대 벽 쪽을 향해 눕지 않는다.

"현관문을 확인하면 안심이 돼요. 우리 집에는 밤에 켜 두는 전등도 있어요. 안고 자는 동물 인형도 엄마 집, 아빠 집 양쪽에 다 있고요. 그냥 안고 자는 건데도 내 옆에 누가 있는 것처럼 느껴져요. 누가 오는지를 확인해 줄 다른 사람이 함께 있는 것 같은 기분이죠."

엄마 집에서 아빠 집으로, 또는 그 반대로 옮기는 날이면 조금 더 힘들어진다.

"첫날 밤은 늘 조금 무서워요. 그리고 엄마 집에서는 침대에 누워서 '지금쯤이면 아빠가 와서 책을 읽어 줄 텐데!'라고 생각하는데, 아빠 집에 가서는 '아빠, 잠 좀 자게 조용히 해 주세요!'라고 해요."

밤과 아침 루틴도 엄마 집과 아빠 집이 다르다.

"아빠 집에서는 더 늦게 자요. 아빠가 항상 거의 12시까지 깨어 있어요. 그러면서 책을 아주 크게 읽어 줘요. 지금 우리가 읽고 있는 책은 《은하수를 여행하는 히치하이커를 위한 안내서》라는 책인데, 아빠가 책 읽는 걸 듣다가 잠들기도 해요. 언니보다 내가 먼저 잠들 때도 있어요."

아빠 집에서 예르디스는 더 늦은 시각에 잠자리에 들지만 더 일찍 일어난다.

"아빠 집에는 알람 시계가 울리고 불빛도 내요. 스스로는 못 깨어나지만 일단 깨면 바로 일어나요. 엄마 집에서는 엄마가 우리를 깨워 줘요. 그러면 한 시간 정도 침대에 누워서 뒹굴뒹굴해요."

가끔 예르디스는 악몽을 꾸고 한밤중에 깨어나기도 한다.

"같은 꿈을 세 번 연속으로 꾸기도 해요. 하룻밤 동안 말이죠. 어떤 집에 있는데 바이킹이 나를 잡으러 오는 거예요. 난 모래밭에 앉아 있고요. 뭐 그런 꿈이에요."

꿈을 해석할 수 있을까?

꿈에서 뱀을 봤다고? 당신은 왕이 될 것이야!

아르테미도로스
100년대

아주 오랜 옛날부터 사람들은 꿈의 의미를 알아내고자 노력해 왔다. 지금의 터키가 있는 지역에 살았던 아르테미도로스는 꿈 해석에 대한 방대한 책을 썼다. 다섯 권이나 되는 그의 책에는 '뱀은 그 강한 힘 때문에 왕을 상징한다. 뱀은 그 긴 길이 때문에 시간을 상징한다. 이는 낡은 피부 껍질을 벗고 다시 새로운 피부를 얻기 때문이기도 하다.', '악어는 해적, 살인자 또는 그와 같은 악인을 의미한다.'와 같은 내용이 담겨 있다. 물론 그 신뢰도는 재미로 보는 별자리 점이나 카드 점과 크게 다르지 않다.

오스트리아의 정신 의학자 지그문트 프로이트(1856~1939)는 우리가 꿈속에서 경험하는 것들은 우리가 하기를 '꿈꾸는', 그러나 감히 엄두를 내지 못하는, 또는 해서는 안 되는 것들이라고 말했다. 그리고 이는 주로 성적인 것과 관련되어 있다고 했다. 뱀에 대한 꿈을 꾸었다면, 프로이트는 뱀이 남성의

뭐? 뱀이라고? 부끄러운 줄 알아야지!

프로이트
1800~1900년대

성기를 상징하는 것이라고 했다. 이는 실제 성기에 대한 꿈을 꾸는 것은 너무 흉측스럽거나 금기시되기 때문이라는 것이다.

그러나 실제로 뱀에 대한 꿈을 꾼다면 그건 아마도 뱀에 대한 두려움이 있기 때문일 것이다. 그게 아니라면 최근에 뱀을 실제로 보았거나 화면을 통해 보았기 때문일 것이다.

물론 꿈이 의미를 가질 수 있고, 자신의 꿈에 대해 이야기하는 것이 꿈을 이해하고 우리 자신을 더 잘 이해하는 데 도움이 될 수 있다. 하지만 그 꿈을 해석할 수 있는 건 대개 꿈을 꾼 당사자—또는 자신을 아주 잘 아는 사람— 뿐이다.

또한 꿈은 상징적일 수 있다. 아무리 찾아도 필요한 물건을 찾지 못하거나 기차를 놓치는 꿈을 꿨다면 평소에 너무 많은 일들을 처리하려고 하는 사람일 것이다. 또 웃으면서 달려드는 하이에나들에게 쫓기는 꿈을 꿨다면 학교에서 따돌림을 당할까 두려워하는 것일 수 있다.

하루 동안 있었던 일에 대해 꿈을 꿀 수도 있지만 보통 그런 경우는 많지 않다. 그러나 모든 꿈의 절반 정도는 우리가 하루 동안 경험한 감정과 유사한 감정을 포함한다. 즉, 학교에서 따돌림을 당하는 꿈을 꾸는 경우는 별로 없지만, 괴롭히는 아이들에게서 느끼는 끔찍한 기분이 드는 다른 꿈을 꿀 가능성은 매우 높은 것이다.

그냥 어제 TV 자연 다큐멘터리에서 나를 봐서 그렇겠지.

뱀
2000년대

꿈에서 답을 찾다

"한숨 자고 내일 생각해." 선택의 기로에 서 있거나 결정을 어려워하는 사람에게 해 주는 말이다. 이는 전혀 어리석은 충고가 아니다. 하룻밤의 꿈을 거치면서 뇌는 본인이 정말로 원하는 것을 더 쉽게 선택할 수 있게 되고, 문제를 더 분명하게 바라보게 된다. 전날보다 감정이 덜 강하게 작용해서이기도 하고, 렘수면을 하는 동안 뇌가 지난 경험들 속에서 연관성을 찾아냈기 때문이기도 하다.

하루 종일 고민했던 문제에 대한 해결책을 꿈속에서 찾아내는 경우도 있다. 러시아 화학자 드미트리 멘델레예프(1834~1907)는 모든 원소 기호가 있는 주기율표를 생각해 냈다. 여러 해 동안 이에 관한 연구를 해 오던 중, 어느 날 밤……

비틀즈의 노래 〈예스터데이〉, 롤링 스톤스의 노래 〈새티스팩션〉, 소설 《프랑켄슈타인》은 폴 매카트니, 키스 리처드, 메리 셸리가 잠을 자고 꿈을 꾸지 않았더라면 이 세상에 나오지 않았을 것이다.

꿈을 꾸는 뇌는 예상하지 못한 연결고리를 만들고자 하는 것으로 보인다. 온갖 장소로부터 옛것들을 이리저리 끄집어내어 새로운 것과 조합해 보는 것이다. 깨어 있는 뇌는 절대로 생각해 내지 못하는 방식으로 말이다.

따라서 수면 중에 우리는 깨어 있을 때보다 더 창조적인 생각을 할 수 있다! 다음과 같은 실험을 해 보자.

계란 하나를 어디에 사용할 수 있을까? 먹는 건 제외하고 말이다. 잠자리에 들기 전 오늘 저녁에 떠오른 방법들을 모두 적어 보자. 다음 날 일어나서 새로 떠오른 것이 있는지 적어 보자.

다음과 같은 상황에 적용해 볼 수도 있다.

학교에서 글쓰기 과제가 있는데 아무래도 잘되지 않는다면, 선생님께 다음 날 제출해도 되는지 부탁해 보자. 그날 밤 침대에 누워서 과제를 생각해 보고 잠자리에 들자. 그리고 다음 날 글쓰기에 다시 도전하는 거다.

명금(노래하는 새)은 다른 새들보다 렘수면을 많이 한다. 렘수면이 신곡을 만들고 연습하는 데 필요해서일까?

잠을 깨워라!

다른 사람을 강제로 잠들게 하는 건 거의 불가능하다. 반면에 억지로 사람을 깨우는 건 가능하다.

요란한 소리를 내는 알람 시계가 널리 사용되기 시작한 것은 1800년대 후반이었다. 그러나 이미 중세 유럽(5~15세기)에는 잠을 깨우는 방법이 존재했다. 기분이 썩 좋은 방법은 아니지만 말이다. '물그릇 시계'라는 것으로, 천천히 이 그릇에 물을 채워서 물이 다 차게 되면 그릇 둘레로 물이 흘러내려 잠자고 있던 수녀나 수도사의 얼굴에 뿌려지는 것이었다(수도원에 있는 수녀나 수도사는 특정한 시간에 기도를 해야 했기 때문에 이런 장치가 필요했다).

잠에서 깨어나려면 일단 침대에서 빠져나와야 한다. 침대에서 당장 나오게 해 줄 기발한 알람 시계를 생각해 보면 어떨까? 바닥에 올라서야만 소리가 꺼지는 알람 시계, 공처럼 통통 튀어 다녀서 달려가 잡아야만 조용해지는 알람 시계 등 말이다.

자매님은 아직도 잠이 덜 깬 겁니까?

잘 깨는 방법

★ 다른 사람에게 일어나기 30분 전쯤 방으로 들어와서 커튼이나 블라인드
를 걷어 달라고 부탁한다.

★ 겨울이라 아직 어둡다면, 대신 방에 불을 켜 달라고 부탁한다.

★ 타이머를 연결해서 자동으로 전등이 켜지게 할 수도 있다.

★ 알람 조명을 이용할 수도 있다. 이는 알람이 시작되기 30분 전부터 서서히
밝아지는 장치로, 대부분의 사람들이 알람이 울리기 전에 이 빛 때문에 깨
어난다.

★ 음악도 기분 좋게 깨어날 수 있는 수단이 될 수 있다. 잔잔한 음악으로 서
서히 깨어나거나 아주 신나는 음악으로 에너지를 받을 수도 있다.

★ 규칙적인 시간을 정하라는 말이 재미없게 들릴 수도 있지만, 우리 몸이 깨
어나야 할 때 깰 수 있도록 도와주는 가장 좋은 방법인 것은 사실이다. 화
요일이든 토요일이든, 같은 시각에 잠자리에 들고 같은 시각에 일어나도
록 한다.

★ 기지개를 활짝 켠다. 침대에서 나오기 전과 침대에서 나온 후 모두 말이다.
이는 심장과 뇌가 준비를 하는 데 도움을 준다. 기지개를 하여 몸을 쫙 펴
면—이왕이면 동시에 하품도 하는 게 좋다—폐가 확장되고, 혈액 순환이
활발해진다. 이렇게 함으로써 이제 완전히 깰 시간이라고 뇌에 명확한 신
호를 보내는 것이다.

"밤 10시에는 자야 하는데, 그때는 졸리지 않아요."

-마테우스(14세)-

"알람을 7시에 맞추지만, 울려도 꺼 버리고 계속 자요. 알람을 여러 개 맞추기도 하는데, 그보다는 침대에서 나오는 게 가장 좋은 방법이긴 해요. 가끔은 나왔다가도 다시 누워 가 버리지만요. 오늘은 지각했어요. 예전에 비해 자주 그러진 않지만요. 화요일과 금요일에는 아침 9시까지 잠을 자요. 그러면 너무 좋아요. 주말에는 거의 11시에 일어나요. 새벽 3시 정도에 잠을 자거든요."

마테우스는 매일 아침 늦게까지 잠을 잘 수 있었으면 한다. 방학이면 10시까지 잠을 자는데, 그러고 나면 꽤 쌩쌩하다.

"그래도 아직 조금 피곤하고 별로 일어나고 싶지 않을 땐, 한 30분 정도 침대에 계속 누워 유튜브를 보거나 해요."

마테우스는 어릴 때부터 아침에 일어나는 것이 어려웠다.

"훨씬 더 어렸을 때는 엄마가 나랑 형을 깨워 줬어요. 그런데 지금은 내가 일어나도 엄마는 계속 자고 있어요. 엄마는 몇 년째 실직 상태인데 아침에 못 일어나는 게 습관이 되어 버렸어요. 일요일에는 교회에 가야 해서 그때만 일어나요."

크리스마스 연휴 동안 마테우스의 일주기 리듬은 크게 바뀌었다. 그래서 친구와 개학 전날 밤을 새우기로 했다.

"그냥 재미로 생각한 건데, 아침 6시가 되니까 너무 자고 싶은 거예요. 그때 자면 학교에 못 가고 계속 자 버릴까 봐 끝까지 참았죠. 그러다 학교에 가서 오후 수업 시간 내내 잤어요. 집에 3시에 와서는 바로 자고 저녁 8시에 깨어났어요. 그리고 다시 새벽 2시에 잠들고 아침 7시에 깨어났어요. 그때는 안 피곤하더라고요."

마테우스는 학교 수업 시간에 잘 참여하고 싶어 하고, 자신이 너무 적게 잔다는 것도 안다.

"아침에 안 피곤하려면 밤 10시에는 자야 하는데, 그때는 졸리지가 않거든요! 자러 가는 게 아무 소용이 없어요. 유튜브를 조금 보다가 하품이 나면 화면을 끄고 잠을 청하죠. 하지만 침대에 누워서 5분 정도가 지나도 잠이 안 와요. 그러면 그렇게 일찍 잠자려 해도 소용이 없다는 걸 깨닫고 누워서 2시간 동안 또 유튜브를 보는 거예요. 그래도 잠이 안 와요."

마테우스는 자정이 넘도록 콘솔 게임을 하곤 한다.

"그러다 가끔은 너무 늦었다는 걸 깨닫고 잠을 자려고 하고, 가끔은 진짜로 피곤해져서 자려고 해요. 잠들기 전에는 항상 유튜브를 봐요. 잠자기 바로 전에 전자 기기 화면을 보면 뇌가 2시간 정도 덜 잔다는 이야기를 듣긴 했지만요. 그게 맞는 말인지는 잘 모르겠고요."

스마트폰이 잠을 방해할까?

-프리다 롱텔
(수면 과학자, 스웨덴 웁살라대학교 신경 과학 연구소)

"수면의 질이 떨어지는 현상이 신기술과 관계가 있음을 보여 주는 연구는 많습니다. 그러나 어떻게 연관되어 있는지는 확실하지 않습니다. 연구란 많은 시간이 걸리는 것인데, 신기술이라는 것은 그다지 오랜 시간을 지나온 것이 아니니까요. 스마트폰을 예를 들면 몇 년 전과 비교해도 더 많은 기능들이 추가되었습니다. 확실한 사실은 오늘날 청소년들이 15~20년 전과 비교해서 적게 잔다는 것입니다. 10대라 일주기 리듬이 늦기 때문에 유튜브를 보는 걸까요? 아니면 화면 때문에 잠드는 데 방해를 받는 걸까요?

몸의 일주기 리듬은 부분적으로 빛에 의해 조절되죠. 강한 햇빛은 우리에게 활기를 주고, 저녁에는 자연광이 어두워지니 뇌와 몸이 쉬고 잠을 잘 준비를 합니다. 멜라토닌도 분비되고요. 한 이론에 의하면 강한 파란색 계열의 빛을 내는 화면이 멜라토닌 수치를 낮춰서 잠을 잘 못 자게 한다고 합니다.

그러나 빛에서 파란 성분을 제거하더라도 스마트폰의 영향은 여전히 큽니다. 청소년과 소셜 미디어에 대한 많은 연구들을 통해 이를 알 수 있죠. SNS에서 누가 내 얘기를 하거나, 내게 말을 걸면 인터넷을 끌 수가 없겠지요. 인터넷 서핑을 하면서 한 곡만 더 듣자, 한 곡만 더…… 하다 보면 시간이 훌쩍 가 버리고요. 인터넷에는 종이책처럼 명확한 끝이 있는 게 아니니까요.

신기술의 너무나 많은 요소들이 우리의 수면에 영향을 미칩니다. 따라서 우리 과학자들이 연구해 나가야 할 게 아주 많죠."

한 시간만 더 잘게!

미국 미네소타에는 에디나라는 작은 도시가 있다. 1996년, 이곳 학교 위원회에서는 10대들의 일주기 리듬의 변화를 발견한 과학자들의 지적을 받아들이기로 결정했다. 그리하여 등교 시간을 한 시간 늦추고 추이를 관찰하며 철저히 기록하였다.

그리고, 결과는 성공적이었다!

이러한 시도를 하기 전에는 많은 사람들이 회의적인 반응을 보였다. "아이들이 더 늦게까지 안 자고 놀기만 할 거예요."라면서 말이다. 그러나 실제로는 거의 모든 학생들이 평소와 같은 시간에 잠자리에 들었다. 그리고 아침잠이 늘어나면서 충분히 휴식을 취하고 일어날 수 있었다. 학생들은 시험에서도 더 나은 성적을 보였고 수업에도 더 적극적으로 참여했다(특히 1교시에 가장 확실한 차이가 드러났다). 쉬는 시간에 싸우는 일도 줄었다. 게다가 수업 시간에 조는 아이들도 거의 없어졌다. 가정 생활도 훨씬 나아졌다. 학부형들은 아이들과 함께 지내는 것이 더 수월해졌다고 말했다. 10대들의 우울증 증세도 줄어들었다.

이러한 변화 이후, 전 세계의 많은 학교들이 같은 방법을 시도하여 긍정적인 결과를 얻었다. 앞으로 20년쯤 후에는 모든 학교에 당연한 정책으로 자리 잡게 되지 않을까?

`수면` `실험`

수면과 사회성

　잠을 잘 자는—그리고 렘수면을 많이 하는—사람은 그렇지 못한 사람보다 더 사교적이다. 꼭 그렇지 않더라도 사교적인 사람이 되기 더 쉽고, 다른 사람을 더 잘 이해한다고 할 수 있다.

　수면 과학자 매튜 워커가 진행한 실험이 이를 보여 준다.

　모든 실험 참가자들은 한 사람의 사진을 여러 장 보게 되는데, 그 사람은 사진마다 다른 표정을 하고 있었다. 상냥하고 온화한 표정에서부터 분노하는 표정, 매정한 표정까지 다양했다. 과학자들은 실험 참가자들이 사진을 보는 동안, 연결된 뇌 스캐너를 통해 그들이 각 사진에 어떻게 반응하는지를 볼 수 있었다. 또한 참가자들에게 사진 속 사람이 어떻게 보이는지도 말하게 했다.

　하룻밤을 잘 자고 난 후에 실험을 진행했을 때는, 참가자들 모두 실험에 잘 참여하였다. 그러나 잠을 전혀 자지 못한 후 다음 날 같은 실험을 (사진 속 사람만 바꾸어서) 한 번 더 진행했을 때, 결과는 완전히 달랐다. 참가자들은 표정을 구별하는 데 어려움을 겪었다. 또한 일관적으로 사진 속 표정을 실제보다 훨씬 위협적으로 해석했다.

> 이런, 그러고 보니, 내가 방금 병사들한테 무슨 얘길 했지? '시민들을 지켜라'가 아니라, '시민들을 죽이라'고 한 거 같은데…….

★ 나폴레옹은 잠을 적게 자는 것을 자랑으로 여기던 많은 집권자들 중 한 명이다.

68

카페인이 피로를 없애 줄까?

많은 사람들이 아침에 잠을 깨기 위해 또는 오후까지 기운을 내기 위해 커피나 에너지 드링크를 마신다. 이러한 카페인 음료를 섭취하면 기운이 넘친다고 느끼지만 실제로는 그렇지 않다.

우리가 깨어 있는 동안, 뇌에서는 아데노신이라는 물질이 계속 분비된다. 아데노신이 많아질수록, 우리는 자고 싶어진다.

카페인은 혈류를 타고 뇌로 올라가 아데노신과 같은 장소에 머물며 아데노신의 활동을 가로막는다. 몸은 똑같이 피곤하지만 카페인이 우리 뇌를 속여 기운이 있는 것처럼 느끼게 하는 것이다.

저녁 8시에 에너지 드링크 한 캔을 마시면 새벽 2시에도 절반의 카페인이 몸 안에 남아 있다. 그동안 아데노신도 계속해서 분비된다. 카페인이 마침내 완전히 몸에서 사라지면 다량으로 분비된 아데노신 때문에 갑자기 엄청난 피로감을 느끼게 되는 것이다.

밤을 꼬박 새우면…

하룻밤을 꼬박 새운 사람은 신기하게도 아침 6시부터 낮 12시까지는 시간이 지날수록 점점 기운이 난다. 이는 생체 시계가 깨어 있을 시간으로 설정되어 있어서, 아데노신 함량이 계속 높아져도 전보다 조금 더 기운이 나는 것이다. 마치 '세컨드 윈드(Second wind. 장거리 달리기 등의 운동을 하다가 아주 힘들고 괴로운 시점이 지나면 다시 활력이 생기고 운동을 계속하고자 하는 의욕이 생기는 현상)' 같다고나 할까? 이때는 잠을 자러 간다 해도 잠들기가 쉽지 않다.

그러다 오후가 가까워지면 새롭게 피곤함이 몰려와 안 자고는 못 버티는 상태가 된다.

이러한 상태를 가까스로 견뎌 내어 끝까지 깨어 있다가 밤이 되어 잠들게 되면 평소보다 더 오래 잠을 자게 된다. 거의 10~12시간 정도가 될 것이다.

게다가 평소보다 비렘수면이 훨씬 많아진다. 즉 더 깊게 자고 꿈은 적게 꾸는 것이다. 그러나 그다음 이틀 밤 동안은 평소보다 꿈을 더 많이 꾸게 된다.

이러한 현상은 밤을 새울 때 몸이 잃었던 것들을 모두 보충하기 위해서인데, 이때 깊은 수면을 먼저 보충하고, 그다음에 렘수면을 보충하기 때문에 나타난다.

역사를 보면 세계 여러 나라들이 잠을 깨우지 않는 것을 고문의 방법으로 사용했다.
하지만 이는 진실이나 비밀을 털어놓게 하는 데 좋은 방법이 아니다. 사람이 극도로
피곤해지면 스스로 무슨 말을 하는지도 잘 모를 수 있기 때문이다.

수면 시간대가 달라지면…

뉴욕 07:00

스톡홀름 12:00

서울 20:00

비행기를 타고 서쪽이나 동쪽으로 멀리 여행하면 여러 시간대를 지나가게 된다. 스웨덴이 낮 12시일 때 미국은 이른 새벽 또는 아침이고, 한국은 저녁이다.

비행기가 스웨덴 스톡홀름에서 낮 12시에 이륙하여 12시간 정도 비행한 후 한국에 착륙했다고 하자. 손목시계는 밤 12시를 가리킨다. 그러나 한국은 아침 8시이다. 몸은 자고 싶지만, 인천 공항의 시계는 아침을 먹을 때라고 말한다. 그런데 막상 밤이 되면 아무리 피곤해도 잠은 오지 않는다. 몸은 그때가 아침이라고 생각하고 수면 호르몬인 멜라토닌 대신 기상 호르몬인 코르티솔을 분비하기 때문이다.

긴 비행 후에는 바깥의 햇볕을 오래 쬘수록 세포들이 생체 시계를 조정하기 쉬워진다. 그러나 한 시간을 조정하는 데 꼬박 24시간이 걸린다. 즉 스웨덴 사람이 일주일간 한국 여행을 오게 되면, 시차 적응을 마칠 때

쯤 다시 집에 돌아가야 하는 것이다. 게다가 몸 안의 각 부분들이 모두 똑같은 속도로 조정되는 것도 아니다. 예를 들어 뇌는 장보다 빨리 적응한다.

항공기 승무원이나 비행기 조종사 등 여러 다른 시간대를 통과하는 여행을 자주 하는 사람은 직업이 수면 장애와 연결되어 꽤 심각한 문제가 생길 가능성이 있다. 머리가 조금 어지럽거나 산만해지는 것뿐 아니라 심각한 기억상실이나 다른 질병까지도 얻을 수 있다. 다행히, 비행기에는 조종사가 한 명 더 있다(단순한 우연이 아니라, 이는 충분히 신중한 고민을 거친 결과이다).

낮 근무: 오전 6시~오후 2시

그 밖의 업무 시간이 불규칙한 다른 직업도 이와 같은 문제가 있을 수 있다. 병원과 같은 일터에서는 하루 24시간 내내 업무가 진행된다. 이런 곳은 하루를 8시간씩 셋으로 나누어 교대로 근무를 하는 경우가 많다.

저녁 근무: 오후 2시~오후 10시

매일 밤에만 일하거나, 밤 근무와 아침 근무를 매주 번갈아 하는 사람은 몸이 상하게 된다. 낮 시간에 제대로 잠을 자려고 해도 몸이 이를 방해한다. 우리 몸은 낮에 먹고 밤에는 먹지 않도록 설정되어 있다. 밤에는 소화

밤 근무: 오후 10시~오전 6시

기관이 쉬기 때문에, 밤에 자주 먹는 사람은 비만의 위험이 있다. 지방을 비롯한 여러 성분들이 분해되지 않고 그대로 몸에 쌓이는 것이다. 밤에 일을 하게 되면 이런 문제가 생길 수 있다. 게다가 피곤한 사람들은 잠을 푹 잔 사람들보다 더 많은 실수를 저지를 위험이 있다.

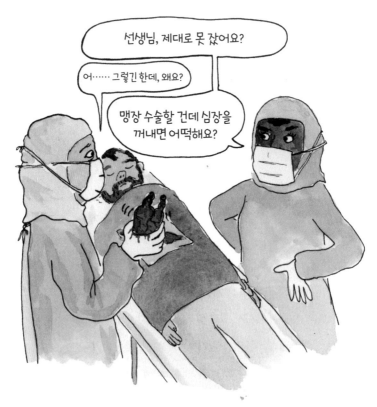

* 물론 이런 무서운 일은 일어나지 않는다.

수면과 집중력

어떤 실험에서, 모든 참가자들에게 전구가 달린 작은 상자가 하나씩 주어졌다. 상자 앞에는 버튼이 달려 있는데, 전구가 깜박거리면 참가자들은 즉시 버튼을 눌러야 했다. 전구의 불이 금방 들어올 때도 있고, 조금 시간을 끌다 다시 켜질 때도 있었다. 따라서 버튼을 최대한 빨리 누르려면 주의를 집중해야 했다. 이 실험은 2주에 걸쳐 계속 진행됐으며, 참가자들은 4개의 그룹으로 나뉘었다.

그룹 1은 3일 연속, 즉 72시간 동안 잠을 전혀 재우지 않았다.

그룹 2는 매일 4시간씩만 자게 했다.

그룹 3은 매일 6시간씩 자게 했다.

그룹 4는 매일 8시간씩 자게 했다.

결과는 명확했다. 잠을 적게 잔 그룹의 참가자들은 모두 전구가 깜박일 때 반응하는 속도가 느려졌다. 그리고 가끔은 버튼을 누를 타이밍을 완전히 놓치기도 했다. 도중에 잠깐씩 틈이 생길 때마다 잠이 든 것으로 보인다.

최악의 성적을 낸 집단은 물론 그룹 1이었다. 첫날에 밤을 새우고는 이미 전날에 비해 4배나 더 많이 타이밍을 놓쳤다.

그룹 2도 거의 비슷한 수준으로 성적이 나빴고, 시간이 지날수록 더욱 나빠졌다. 4일이 지나자 그들도 4배나 많은 실수를 했다. 11일이 지난 후에는 48시간 동안 깨어 있었던 사람만큼 느려졌다.

6시간씩 자는 그룹 3도 그렇게 잘하지는 못했다. 10일이 지나자 하루를 밤샘한 사람만큼 반응이 느려졌다.

그 밖에도 재미있으면서 무서운 사실이 발견됐다. 거의 모든 참가자들이 잠을 못 잘 때에도 본인들이 첫날에 했던 것과 똑같이, 또는 거의 비슷한 수준으로 잘하고 있다고 생각했다는 사실이다. 성적이 훨씬 나빠졌는데도 말이다. 자신들이 얼마나 느려졌고 집중력이 떨어졌는지를 인지하지 못한 것이다.

참가자들을 다시 평소처럼 충분히 잠을 자게 한 뒤 실험을 했을 때에도, 첫날의 결과로 돌아오는 데까지는 꽤 시간이 걸렸다. 최소 3일 동안은 충분히 잠을 자야 했다.

-6장- 동물, 그리고 인간의 수면

잠이 많은 동물들

세계에서 가장 잠이 많은 포유류는 아마도 큰갈색박쥐일 것이다. 중앙아메리카와 북아메리카에 서식하는 이 박쥐는 하루에 무려 20시간을 잔다! 이 박쥐들은 오래 깨어 있을 이유가 없다. 박쥐들이 먹는 곤충은 하루 중 4~5시간 동안만 아주 활발하게 활동하는데, 잡아먹을 곤충이 없는 시간에는 깨어 있는 의미가 없지 않겠는가?

겨울에 눈이 내려 땅을 덮으면, 불곰은 작은 열매나 곤충을 비롯

★ 북극곰은 1년 내내 먹을거리가 있으므로 동면을 하지 않는다.

한 먹이를 찾기가 어려워진다. 이에 가장 현명한 대처 방법은 동면에 들어가는 것이다. 동면 중인 불곰의 모든 신체 활동은 평소보다 훨씬 느려진다. 호흡도 1분에 한 번 정도만 하고, 체온도 몇 도가 내려간다. 심장도 더 느리게 뛰고, 가끔은 꽤 긴 시간 동안 멈추기도 한다. 게다가 신진대사가 큰 폭으로 감소하여, 동면에 들어가기 전 불곰이 먹은 음식을 신체가 소화시키고 사용하는 데 오랜 시간이 걸린다. 즉 먹이가 오랫동안 몸속에 머물게 되는 것이다. 봄이 오고 불곰이 동면을 마치면, 몸이 완전히 깨어나고 다시 정상적으로 작동하기까지 여러 주가 걸린다.

북극땅다람쥐는 우리가 아는 다람쥐의 먼 친척이다. 북아시아와 북아메리카 북부에 서식하는데, 이 지역은 겨울에 매우 추워진다. 북극땅다람쥐는 동면 중에 체온이 너무 많이 떨어져서 에너지가 거의 필요 없을 정도가 된다. 체온이 영하까지 내려가기도 한다. 그러나 머리만큼은 절대 얼지 않고 딱 0℃보다 조금 높은 온도를 유지한다. 그렇지 않으면 뇌가 손상되기 때문이다. 약 3주마다 체온이 37℃까지 올라가서 몸의 기능들이 유지되도록 한다. 한 가지 단점은 북극땅다람쥐들이 잠을 너무 깊게 자서 다시 깨어나는 데 어려움이 있다는 점이다. 그래서 잘 숨어서 자지 않으면 포식자들에게 쉽게 발견되어 먹잇감이 될 수 있다.

잠이 없는 동물들

아메리카메추라기도요라고 하는 이 새는 겨울에는 남아메리카에 살고, 여름에는 북아메리카와 동북아시아 쪽에 머물며 짝짓기를 하고 알을 낳는다. 이때 아메리카메추라기도요 수컷들이 갖는 독특한 수면 습관이 있는데, 짝짓기 기간에 거의 3주를 줄곧 깨어 있다! 암컷들에게 낮이고 밤이고 날마다 쉬지 않고 구애를 펼치는 것이다. 최대한 매력을 어필하기 위해서는 잠을 자선 안 된다. 잠깐이라도 잠이 들었다간 몇 주를 공들인 암컷을 다른 수컷에게 빼앗길 수 있기 때문이다.

바다를 건너 아주 먼 길을 여행하는 철새는 밤이 되어도 나무에 앉거나 절벽 위에 내려서 잠을 잘 수가 없다. 육지에 도착할 때까지 계속해서 비행을 해야 한다. 그래서 날고 있는 동안 잠깐씩 잠을 잔다. 한 번에 몇 초뿐이지만 수면 부족으로 인한 해를 입지 않기에는 충분하다. 철새들이 이렇게 적은 잠으로도 버틸 수 있는 건 이동 시기뿐이다. 다른 시기에도 이렇게 오래 깨어 있어야 한다면 철새들의 건강 상태는 매우 나빠질 것이다.

　대부분의 새끼 동물들은 잠을 많이 잔다. 그러나 갓 태어난 새
끼 범고래는 전혀 잠을 자지 않는다. 태어나고 약 한 달 동안 하루
종일 꼬박 깨어 있다. 어미도 마찬가지다. 과학자들은 범고래 새끼
가 가만히 자고 있는 것보다는 깨어서 움직이는 편이 포식자의 먹
잇감이 될 가능성이 적으므로 그렇게 하는 것이라 추측한다. 깨어
있으면서 움직이는 것이 온기를 유지하는 데도 더 좋다. 갓 태어난
범고래들은 어른 범고래들이 지닌 두껍고 보호성이 뛰어난 지방층
이 아직 발달되지 않아서, 차가운 물속에서 몸을 따뜻하게 유지하
기가 어렵다.

　오랫동안 상어는 전혀 잠을 자지 않는다고 믿어져 왔다. 상어가
눈을 감은 것을 본 적이 없기 때문이다. 그러나 상어도 잠을 잔다.
다만 눈꺼풀이 없기 때문에 눈을 감지 않고 잘 뿐이다. 상어가 잠
을 자지 않는다고 여겨진 또 하나의 이유는, 신선한 산소가 담긴

물을 아가미에 계속 공급하여 질식하지 않도록 하려면 쉬지 않고 헤엄을 쳐야 하기 때문이다. 그러나 상어의 뇌 활동을 관찰해 보면 헤엄을 치는 동안에도 중간중간 잠을 잔다는 것을 알 수 있다.

가장 기운이 넘치는—정확히 말하면 가장 오래 깨어 있는—포유류 중 하나는 기린이다. 기린은 한 번에 20분 넘게 자는 일이 거의 없다. 하루 24시간 중 자는 시간을 모두 합치면 2~3시간뿐이다.

기린의 먹이는 주로 아카시아 등의 나뭇잎이나 관목의 잎이며, 아프리카 사바나에는 이런 먹이가 사방에 널려 있어 하루 종일 먹을 수 있다.

기린이 앉았다가 다시 일어나려면 힘이 들기도 하고 시간도 많이 걸린다. 그래서 기린들은 주로 서서 잠을 잔다. 사람이 서서 잠이 들면 바로 쓰러져 버리겠지만, 기린은 다리에 튼튼한 힘줄이 있어 체중이 가해지면 다리를 잠그듯 힘을 주어 버틸 수 있게 된다.

수백만 년 전에는 기린도 오랜 시간 잠을 잤을 것으로 여겨진다. 그러나 깊이 잠들면 잡아먹힐 위험이 있으므로, 자다가도 쉽게 깰 수 있는 기린들만 살아남았을 것이다. 살아남은 기린들이 다음 세대에 그런 유전자를 계속해서 물려주면서, 수백만 년이 지나는 동안 잠에서 쉽게 깨어나는 기린들만이 살아남은 것이다.

인간이 지금의 수면 습관을 갖게 된 내력

인간 역시 기린과 마찬가지로 긴 세월 동안 환경에 적응하며 살아온 동물이다. 그런데 왜 인간이라는 동물은 부엉이처럼 밤에 깨어 있지 않을까? 기린처럼 조금만 자지 않는 이유는 뭘까? 반대로 큰갈색박쥐처럼 오래 자지 않는 이유는 뭘까? 밤에 7~8시간이나 자는 것은 어떤 방식으로 우리 인간이라는 종이 살아남는 데 도움이 되었을까? 잠을 줄이고 더 많은 시간을 먹을 것을 찾고, 친구를 사귀고, 더 많은 자식을 낳고 돌보는 데 쓰는 것이 더 현명한 건 아니었을까?

진화의 원리는 여러 종의 동물과 식물이 어울리면서 서로의 진화에 영향을 미치는 것이다. 이러한 관점에서 인간이 지금과 같은 수면 습관을 갖게 된 내력을 추측해 볼 수 있을 것이다.

아주 오래전 인간은 무리를 지어 아프리카의 초원을 떠돌아다녔고, 다른 동물들처럼 식량을 얻는 데 많은 시간을 썼다. 인간은 채집자이자 사냥꾼이었다. 먹을 수 있는 식물을 찾아다니고, 크고 작은 동물을 사냥했다(인간이 한곳에 정착을 하고 주변을 경작하기 전의 이야기이다). 그러나 밤이 되면 이러한 채집과 사냥이 어려워진다. 시각은 우리 인간이 가장 많이 사용하는 감각이지만 인간의 야간 시력은 그다지 좋지 않다. 어두울 때 과일과 견과, 식물 뿌리, 애

벌레 등을 채집하는 것은 쉽지도 않고 현명한 행동도 아니었다. 뿌리에 걸려 넘어져 다칠 위험이나 나뭇가지에 머리를 부딪칠 가능성도 높다. 게다가 인간은 비교적 큰 동물이라 움직일 때마다 소리가 난다. 이 소리는 포식자들을 불러올 수 있다. 이 포식자들은 인간들과 달리 어둠 속에서도 잘 볼 수 있다. 따라서 어두운 밤에는 안전한 장소에 가만히 누워서—큰 소리로 코를 골지도 않고—잠을 자야만 다음 날 무사히 살아남아 눈을 뜰 가능성이 높았다.

인간과 가장 가까운 친척인 침팬지는 대부분의 다른 영장류와 마찬가지로 나무에서 잔다. 진화론적 관점에서는 인간의 조상들도 그랬으리라 추측한다. 그러다 언젠가 나무에서 내려와 땅에서 잠을 자게 되었을 것이라고 말이다. 또 다른 차이점은 인간들이 다른 영장류에 비해 잠을 적게 자는 편이라는 점이다. 침팬지는 12시간 정도를 잔다. 과학자들은 이러한 차이가 불의 사용과 관련 있다고 생각한다. 인간은 불을 다룰 수 있는 유일한 동물이다. 불의 도움으로 인간은 포식자와 일부 작은 곤충들을 멀리할 수 있었고, 그로 인해 더 이상 나무 위에서 자지 않아도 되게 되었다. 밤에 불을 밝히면서 깨어 있을 여러 명분이 생겼다. 불빛을 두고 사람들이 모여 같이 노래하고, 이야기를 나누고, 꿈을 해석하고, 다음 날을 계획하게 된 것이다.

이와 같이 사람은 다른 영장류보다 잠을 덜 자게 되었다. 그러나 더 효과적인 방법으로 잠을 잔다. 우리는 자는 동안 20~25%를 렘수면을 하는 반면, 다른 영장류들은 평균적으로 9% 정도만 한다. 인간과 원숭이 모두 렘수면을 하는 동안에는 근육이 이완된다. 꿈에서 하는 몸동작이 실제로 나타나진 않을 테니 다행이지만, 나무에서 자는 경우엔 좋지 않다. 침팬지처럼 매일 밤 자는 공간을 만들어 놓는다 해도 나무에서 떨어질 위험이 크기 때문이다. 과학자들은 인간이 땅에서 자기 시작하면서 수면 시간이 줄었으리라 추측한다. 수면 시간은 줄었지만 렘수면의 양은 증가함으로써 나무에서 자는 다른 영장류보다 더 머리가 좋아지고 협동에도 더 강해질 수 있었다.

우리 몸은, 생긴 지 불과 200년도 되지 않은 도시 환경, 전기, 또는 밝게 빛을 내는 화면에 여전히 적응하지 못했다. 아직은 5만 년 전 인간이 살았던 방식에 더 익숙하다.

서로 다른 수면 습관이 집단을 지켜 내다

사람들은 저마다 잠이 필요한 정도가 다르다. 정확한 이유는 모르지만, 확실한 사실은 인간이 무리를 지어 사는 동물이라는 것이다.

다시 아주 옛날로 돌아가 보자. 서로의 체온으로 따뜻함을 유지하고 더 안전함을 느끼기 위해 인간들은 옹기종기 모여서 잠을 잤을 것이다. 누구는 일찍 일어나고 누구는 늦게 일어나는 것이 집단에 유리했을 것이다. 모든 사람이 동시에 잠들어 있는 시간은 적어졌을 테니 말이다. 그리고 무리 중에 쉽게 잠에서 깨는 사람이 있다면, 위험을 감지하고 재빠르게 다른 사람들을 깨울 수 있으니 좋지 않았겠는가? 무리 중에 깊이, 오래 잠을 자는 사람이 있었다면 그 또한 그것대로 좋았을 것이다. 깊은 수면과 렘수면을 많이 한 덕분에 잠에서 깼을 때 충분히 피로가 풀려서, 더 빠르게 판단하고 현명한 해결책을 잘 생각해 낼 수 있었을 테니 말이다.

아메리카메추라기도요를 떠올려 보자. 오래 깨어 있는 수컷들이 그렇지 못한 수컷들보다 유리한 위치를 차지하여, 짝짓기를 더 많이 하고 더 많은 후손을 낳는다. 그러나 이들은 깨어 있는 시간이 긴 만큼 많이 먹어야 한다. 그래서 짝짓기 시기 이외의 시기에 먹이가 없을 때에는, 잠이 많은 새들이 훨씬 잘 견뎌 내기도 한다.

따라서 '개체'가 생존하려면 특정한 시기에 잘 적응하는 유형이

어야 하지만 '종'이 생존하려면 다양한 유형의 개체가 있어야 한다.

10대들의 일주기 리듬이 부모들보다 늦는 것도 이와 관련이 있을 것이다. 늦게까지 깨어 있을 수 있어서 집단에 도움이 되는 동시에, 자기들끼리도 즐거운 시간을 보냈을 거다. 부모들의 잔소리에서 해방되어, 시시덕거리고 성관계를 갖는 등 '금지된' 것들을 즐길 수 있었을 테니 말이다. 그렇게 10대들은 독립성을 갖추는 연습을 더 쉽게 해 나갔을 것이다.

나이가 많을수록 더 이른 일주기 리듬을 가지기 때문에, 무리 중에 가장 나이가 많은 사람은 10대들이 잠든 후에 바로 일어났을 것이다. 그런 식으로 누군가는 늘 깨어 있었기에 불이 꺼지지 않도록 지킬 수 있었고, 맹수가 가까이 오는지 살필 수 있지 않았을까?

양쪽 뇌가 번갈아 잠을 잔다?

돌고래와 고래는 특별한 수면 방법이 발달했다. 한 번에 뇌의 절반만 잠을 자는 것이다. 이들은 포유류이기 때문에 숨을 쉬기 위해 이따금 물 위로 올라와야 한다. 완전히 잠이 들어 익사하지 않으려면 짧은 시간만 자야 할텐데, 그러는 대신 돌고래와 고래는 수면을 할 때 뇌의 절반만 잠이 든다. 양쪽 뇌 모두에 필요한 잠을 자되, 물 위로 올라가 숨을 쉬는 등의 기본적인 기능은 쉬지 않고 가동되게 하는 것이다. 물론 양쪽 뇌와 몸 전체가 다 깨어 있을 때도 있고 말이다.

조류 중에도 뇌의 절반씩만 잠을 자는 경우가 많다. 어떤 새는 반쪽 뇌가 잠을 자는 동안 한쪽 눈을 떠서 위험을 살핀다. 그러다 나중에 다른 반쪽 뇌를 자게 하고 다른 쪽 눈으로 바꿔 뜬다.

한 무리의 새들이 나란히 전깃줄에 앉아서 잠을 자고 있을 때는, 양쪽 끝에 있는 두 마리를 제외한 모든 새들이 뇌 전체로 잠을 잔다. 양쪽 맨 끝에 앉아 있는 새들만 한쪽 눈을 뜨고 자면서 주위를 살핀다. 이 새들은 중간중간 다른 쪽 뇌로 바꿔 가며 잠을 계속 잘

것이다.

잠자리가 바뀌면 잠드는 것이 어려워지는 편인가? 수면 실험실에서 참가자들을 관찰해 보면, 많은 사람들이 첫날에는 잠을 잘 자지 못하다가 그 뒤로 점점 나아지는 것이 확인된다. 일본의 과학자 다마키 마사코와 사사키 유카는 왜 그런 현상이 나타나는지 알아보기로 했다. 그 결과, 첫날에 뇌의 한쪽이 다른 한쪽만큼 깊이 잠자지 못한다는 것을 발견했다. 따라서 인간도 새나 돌고래와 같은 능력이 조금은 있는 것으로 보인다. 낯설고 다소 덜 안전하게 느껴지는 장소에 있으면 한쪽 뇌가 특별히 더 예민해지는 것이다.

자신이 자는 곳이 안전하다고 느끼는 것은 수면에 아주 중요하다. 낯선 곳에 가서 자야 하는 경우에는, 집이라고 느낄 만한 냄새가 나는 물건을 가져가는 것도 방법이 될 수 있다. 엄마 냄새가 나는 스웨터라든지, 평소에 쓰는 베갯잇, 자신이 가장 좋아하는 동물 인형 같은 것 말이다.

진화는 계속된다. 1억 년쯤 후에는 인간도 뇌의 반쪽씩 번갈아 가며 잘 수 있지 않을까? 아니면 서서 잘 수 있게 될지도? 걸어다니면서 잔다거나! 어쩌면 그냥 지금과 비슷하게 잘지도 모른다. 대신 조금 덜 자거나, 또는 더 많이 자거나. 그때까지 살아 있으면 알게 되겠지.

"밤에 혼자 자는 게 힘들어요."

-미라(11세)-

"지금은 침대에서 혼자 잘 수 있어요. 잠들려고 조용한 노래를 듣곤 해요. 예전에는 누워서 눈을 감고 몇 시간이고 잠들려고 해도 안 됐어요."

결국 포기하고 부모님 방으로 가서 엄마 아빠 사이에 누우면 바로 잠이 들곤 했다. 사실은 지금도 엄마 아빠랑 같이 자고 싶고, 그게 창피한 일이라고 생각하지도 않는다.

"물론 '나 아직 엄마 아빠랑 같이 잔다. 나 완전 멋지지!'라고 이리저리 소문낼 일은 아니지만요. 그런데 부모님이 이제는 나 혼자 내 침대에서 자길 원하셔서, 엄마 아빠 방에 자러 가는 게 바보처럼 느껴져요. 가끔 엄마는 내 방으로 돌아가라고 하고 난 가기 싫다고 해서 실랑이가 벌어지기도 하고요."

미라의 부모는 아이를 데리고 자는 것을 힘들어한다. 가끔은 한 명도 아닌 두 명을 데리고 자야 할 때도 있다.

"내가 엄마 아빠 침대에서 자면 동생 마지도 같이 자고 싶어 할 때가 있거든요. 그러면 침대가 아주 좁아지죠. 그리고 엄마는 중간에서 자는 건 너무 덥다고 싫어하는데, 나랑 마지는 둘 다 엄마 옆에서 자고 싶어 하거든요. 예전에는 마지가 자기 방에서 잤는데, 그러다가 왜 자기만 혼자 자야 되냐고 하면서 이 난리가 난 거예요. 내가 마지한테 이렇게 말했죠. '너는 혼자 자도 괜찮잖아. 내가 좋아서 엄마 아빠랑 자는 거 같아? 난 이렇게 할 수밖에 없어서 그래.'"

한동안 밤마다 걱정이 많은 시기도 있었다.

"예전 학교에 다닐 때인데요. 거기는 따돌림도 많고 분위기가 너무 안 좋았거든요. 그래서 침대에서 보통 이런 대화를 하는 거죠. 내가 '나 내일 학교 못 가겠어.' 하면 엄마는 '왜 지금 그런 생각을 해. 빨리 좀 자!'" 하는 식으로요."

미라의 엄마는 미안한 마음도 있다. 자신도 어렸을 때, 어른들은 어두움을 무서워하지도 않으면서 둘이 같이 자고 아이들은 혼자 자야 하는 것이 불공평하다고 생각했다. 그러나 미라가 밤을 무서워하는 정도는 그것과는 차원이 다르다.

"아주 가끔, 집에 혼자 있을 때 더 심하긴 한데요, 자다가 깨면 무서워요. 가끔은 깨어서 어두우면 꽤 오랫동안 무서워해요. 너무 무서워서 엄마 아빠한테 가지도 못하겠어요. '저기 누가 서 있다. 저기 누가 서 있다. 움직이면 안 돼. 나를 볼 거야.' 난 상상력이 너무 풍부해서, 온갖 게 다 무서워요."

또 한동안 미라는 한밤중에 깨어서 화장실에 갈 때가 많았다. 현관에는 불이 켜져 있어서 괜찮은데, 다시 방으로 돌아오면 어두워서 겁이 났다.

"오줌이 마렵다는 생각이 그냥 자주 드는 거예요. 그래서 이제는 일어나지 않고, 머리 위로 이불을 덮어쓰면 나아져요. 자주 그렇게 해요. 잠이 안 오면 엄마 아빠한테 가야지 하는 생각에 안심이 되기도 해요. 그런데 그러면 다음 날도 또 엄마 아빠랑 자고 싶어질 테고, 혼자 자는 게 점점 더 힘들어지겠죠. 혼자 자는 연습을 처음부터 다시 시작해야 하는 거예요. 그래서 이제는 늘 내 침대에서 잠들려고 해요."

미라가 나중에 엄마가 되면 아이들을 자기 침대에서 자게 하고 싶을까?

"네, 그게 더 자연스러운 것 같아요. 물론 아이들이 열 명이나 되고 나를 벽으로 밀게 될 수도 있겠지만⋯⋯. 그러면 더 큰 침대를 사면 되니까요. 아니면 바닥에 이불을 깔아도 되고요!"

밤잠을 두 번에 나누어 잔다?

아주 옛날에는 저녁이 되면 지금보다 훨씬 더 어두웠다. 실내에도 실외에도 불빛이 전혀 없었으니까 말이다. 횃불이나 기름등, 가스등을 손에 들고 있는 경우도 있었지만, 거기에서 조금만 떨어지면 칠흑 같은 어둠이었다. 집 안에는 난롯불과 귀한 양초가 있었지만, 일을 하기에 충분한 밝기는 아니었다. 그래서 사람들은 지금보다 일찍 잠자리에 들었고, 밝아지기 시작하면 바로 일어났다.

그렇다면 그 당시 사람들은 어떻게 그리 오래 잘 수 있었을까? 이에 대한 대답은 의외로 '아마도 그렇게 오래 자지는 않았을 것이다'이다. 적어도 1300~1700년대에는 그랬을 것이다. 많은 고문서에서 '첫 번째 잠'과 '두 번째 잠'이라는 표현이 발견되었고, 이는 여러 나라의 다양한 언어로 쓰인 책들에서 일제히 나타났다. 당시 사람들은 밤 동안 한 번에 쭉 잔 것이 아니라, 두 번에 나눠서 잠을 잔 것이다.

하루의 대부분을 육체 노동을 한 후에 대부분의 사람들은 빠르게 잠이 들어 깊은 잠을 잤다. 그러나 자정이 지나면 하나둘 일어나 몇 시간을 깨어 있었다. 침대를 같이 쓰는 사람들끼리 담소를 나누거나, 꿈이나 전설 이야기도 했을 것이다. 일어나 소변을 보러 갔다가 물을 마시고 별을 보기도 했을 것이다. 성관계를 갖는 사람들도 있었을 것이고, 누워서 철학적인 생각을 하거나 기도를 하는 사람들도 있었을 것이다. 이렇게 깨어서 쉬는 시간이 지나고 나면, 다시 잠자리에 들어 날이 밝아질 때까지 3~4시간을 더 자고, 일어나 그날의 할 일을 시작했을 것이다.

　매일 밤 12~14시간 동안 캄캄해지는 환경이 주어지는 실험을 실시한 결과, 대다수 참가자들이 이와 같은 수면 패턴을 보이게 되는 것이 밝혀졌다. 그리고 실험이 끝난 뒤 많은 사람들이 첫 번째 수면과 두 번째 수면 사이 쉬는 시간을 하루 중 가장 좋았던 시간으로 꼽았다. 어떤 의무도 요구도 주어지지 않은 채, 깨어 있으면서도 쉬고 있는, 명상하는 것과도 같은 상태라고나 할까.

여긴 꽉 찼어.
동면할 거면 다른 데
알아봐!

이 밖에도 오래된 문헌에서 알 수 있는 사실 중에는, 겨울에는 길고 어두운 낮을, 여름에는 길고 밝은 밤을 보내는 북유럽 등지의 사람들은 겨울에 더 자고 여름에 덜 잤다는 내용도 있다. 어떤 곳은 겨울이면 사람들이 거의 동면에 들어가다시피 한 듯하다. 잠자리를 마련하고는, 자고, 자고, 또 자면서 체온을 따뜻하게 유지하고 에너지를 비축한 것이다. 비몽사몽일 때도 있고, 잠에서 깰 때도 있었지만, 잠자리에서 일어나 나오는 일은 아주 가끔뿐이었다. 이때 화장실도 가고, 물도 조금 마시고, 빵도 조금 먹곤 했을 것이다.

인간에게 자연스러운 잠이란?

첫 번째 잠과 두 번째 잠으로 나누어 자는 수면 패턴이 인간에게 자연스럽고 건강한 것이라는 데 모든 과학자들이 동의하지는 않는다.

지구상에는 지금도 산업화 이전 시대처럼, 마치 석기 시대나 철기 시대처럼 사는 사람들이 있다. 그런 사람들은 대개 밤에 7시간 정도를 자고 낮에 1시간 정도 낮잠을 자는 것으로 보인다. 반면 대부분의 수면 과학자들은 밤에 8시간 동안 자는 것을 권장한다. 자연스러운 것, 또는 기원적인 것이 건강한 것이라고 생각하기 쉽지만 반드시 그렇다고는 할 수 없다. 이들이 수면 과학자들의 권유대로 밤잠을 8시간 동안 자면 더 건강하고 오래 살게 될지도 모르는 일이다.

동물원 VS 야생

동물원에 사는 동물들은 야생에 사는 동물들보다 오래 사는 편이다. 동물원에서는 규칙적인 시간에 먹이를 얻어먹고, 잡아먹힐 위험도 없다. 게다가 —사자 밥이 될 위험이 없으므로— 마음 놓고 잠도 오래 잘 수 있다. 동물원의 기린은 야생의 기린보다 더 자주 눕는다.

나무늘보는 정말로 오랜 시간 잠을 자는 동물로 알려져 왔다. 동물원 우리 안에서 하루 16시간을 자니까 말이다. 그러나 남아메리카 정글에 사는 야생 나무늘보에게 뇌파 측정기를 달아 관찰해 보니, 야생의 나무늘보는 하루에 '고작' 9~10시간만 자는 것으로 밝혀졌다.

동물원에서는 위협적인 요소가 없어서 그렇게 오래 자는 걸까? 아니면 지루해서?

시에스타

시에스타는 스페인어로 낮잠을 뜻한다. 남아메리카와 지중해 일대 여러 지역에서는 오후에 두어 시간 동안 모든 가게들과 직장이 문을 닫는다. 점심 식사와 낮잠을 위해서 말이다.

20세기에는 오늘날보다 더 흔한 모습이었다. 그러나 인터넷을 통해 일과 여가 모든 면에서 세계 여러 나라 사람들 간의 연락이 더욱 잦아졌고, 이로 인해 외국 고객을 응대해야 할 시간에 일을 하지 않는 것이 커다란 불이익을 가져왔다.

2000년대에 들어서면서 그리스는 다른 유럽 국가들에 맞추고자 다수의 직장에서 시에스타를 없앴다. 몇몇 과학자들은 이러한 변화가 사람들의 건강에 미치는 영향을 연구하였고, 결과는 상당히 놀라웠다. 심혈관계 질환으로 사망할 확률이 대폭 상승한 것이다. 직업군에 따라 37%에서 60% 이상까지 말이다. 그들의 낮잠은 불필요한 게 아니었나 보다(아니면 낮잠을 없애면서 밤잠 시간은 늘려야 했는지도 모르겠다).

한 가지 확실한 사실

많은 연구에서 알 수 있는 것은, 오늘날의 많은 사람들이 예전보다는 적게 잔다는 것이다. 사람들이 오늘날과 같이 적게 잔 적은 없을 것이다. 미국에서는 1940년보다 수면 시간이 평균 1시간 줄었다. 고작 100년도 안 지났는데 말이다.

세계 보건 기구(WHO)에서는 이를 우려하여 세계인의 건강을 위협하는 요인 중 하나로 말라리아와 콜레라 같은 질병과 함께 수면 부족을 포함시켰다.

1940년에는 집에 텔레비전도 컴퓨터도 없었고, 전등은 희미했으며, 전기는 비쌌다. 그때는 지금처럼 잠을 자고 싶지 않게 하는 유혹이 별로 없었고, 밤에 일을 하는 것도 쉽지 않았으니, 자는 것 외에 별다른 선택지가 없었을 것이다.

꿀잠을 위한 팁

★ 실내 기온을 낮춘다. 17~18°C가 적당하다.

★ 자기 전에 따뜻한 물로 목욕한다.

★ 수면 모자나 수면 양말도 도움이 된다. 자기 전에 따뜻한 음료(커피나 홍차, 녹차는 제외)를 마시는 것도 좋다.

★ 한밤중에도 밝은 환경이라면, 방 창문에 두껍고 어두운 커튼을 치거나 눈가리개를 하고 잔다.

★ 저녁에는 너무 밝은 전등은 끈다. 강한 빛이 비치는 화장실 거울 앞에 한참 서 있는 것도 수면에 방해가 된다.

★ 잠자기 전 몇 시간 정도 전에는 화면 보는 것을 피한다. 컴퓨터, 태블릿, 스마트폰이나 텔레비전 모두 해당된다.

★ 어쩔 수 없다면 적어도 화면을 야간 모드로 설정해서 블루라이트가 덜 나오도록 한다.

★ 소셜 미디어는 끄도록 한다(친구들과 다 함께 합의해서 같은 시각에 동시에 끄기로 하면 모두가 쉽게 잠들 수 있지 않을까?).

★ 조용하고 기분이 차분해지는 노래나 소리를 듣는다. 파도 소리나 왈츠곡 같은 것 말이다.

★ 침대에 등을 대고 누운 채 다리를 올려 벽에 붙인다. 그 상태로 10분 동안 아무것도 하지 않고 그대로 있는다. 그러고 나면 잠드는 데 도움이 될 것이다.

★ 코로 깊게 숨을 들이쉰다. 그리고 공기가 배까지 들어가서 다시 코로 내쉬기 전까지 5~10초간 머물게 한다. 3회 반복하면서 동시에 몸 전체를 최대한 이완시킨다.

★ 걱정거리가 많다면, 유용한 비법이 두 가지 있다. 하나는 오늘 하루 있었던 좋은 일을 떠올려 보는 것이고, 또 하나는 내일 일어날 좋은 일을 생각해 내는 것이다.

★ 재미있는 것을 생각해 낸다. 생각하면 기분 좋아지는 것에 관하여 이야기를 지어 본다.

★ 좋아하는 장소, 마음이 편안해지는 곳을 떠올려 본다. 눈앞에 그곳이 펼쳐져 있다고 상상한다.

★ 양을 한 마리씩 세는 것은 낡은 방식이다. 조용히 폭포수가 떨어지는 광경이나 따뜻한 모래사장이 펼쳐진 모습을 떠올리는 편이 훨씬 더 빨리 잠들 수 있다.

★ 그래도 천천히 숫자를 세는 게 효과가 없는 건 아니다. 대신 어느 정도 난이도가 있는 게 좋다. 10, 20, 30, 40에서 1000까지 세거나 100에서 시작해서 98, 96, 94……와 같이 거꾸로 2나 3을 계속해서 빼 나가는 방법 등을 사용한다.

★ 영어 단어의 철자를 떠올려 본다. city, football, elephant…….

★ '이제 자야 해. 이제 진짜 자야 해.'라고 생각하는 것보다 '잠들면 안 돼. 안 잘 거야.'라고 생각하는 편이 오히려 잠이 오는 데 효과가 있다.

찾아보기

잠들기 성공!

축하해! 마침내 잠이 들었어!
잘 자!

10. 밖에서 늑대 한 마리가 울부짖는 소리가 들려. 나를 잡으러 왔나? 무서운 생각이 머릿속을 맴돌아. 머리를 비워야 해!
우회로를 지나가시오.

아오~

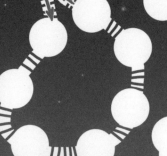

11. 천둥이 쳐! 마음을 진정시켜야겠어. 나무를 깎아 만든 인형을 가져와야지.
3칸 뒤로 돌아가시오.

6. 아빠가 도망친 암탉을 잡아야 한다고 소리를 지르고 있어. 가서 도와줘야 해.
한 차례 쉬시오.

5. 불이 안 꺼지고 잘 있는지 마지막으로 한 번만 더 살펴볼래!
3칸 뒤로 돌아가시오.

4. 잠자리를 2미터 남겨 두고 삼촌이 내 앞을 가로막았어. 그러고는 삼촌의 염소가 상태가 안 좋다고 이야기를 늘어놓기 시작하는 거야. 졸려 죽겠는데!
주사위를 한 번 더 던지시오.

3. 자러 가는 길에 부엌 식탁 위에 있는 맥주 통을 본 거야. 꿀꺽! (1500년대에는 아이들도 맥주를 마셨어. 어떻게 생각해?)
처음으로 돌아가시오.

지식은 모험이다 17

피곤한 10대, 제대로 자고 있는 걸까?

처음 펴낸 날   2020년 6월 25일
두 번째 펴낸 날   2021년 7월 30일

글   카타리나 쿠이크
그림   엘린 린델
옮김   황덕령
감수   신홍범
펴낸이   이은수
편집   이재원
디자인   원상희
펴낸곳   오유아이(초록개구리)
출판등록 2015년 9월 24일(제300-2015-147호)
주소   서울시 종로구 비봉 2길 32, 3동 101호
전화   02-6385-9930
팩스   0303-3443-9930
페이스북   www.facebook.com/greenfrog.pub

ISBN 979-11-5782-088-7 44400
ISBN 978-89-92161-61-9 (세트)

이 도서의 국립중앙도서관 출판시도서목록(CIP)은 서지정보유통지원시스템 홈페이지
(http://seoji.nl.go.kr)와 국가자료공동목록시스템(http://www.nl.go.kr/kolisnet)에서
이용하실 수 있습니다.(CIP제어번호: CIP2020022384)